RAVENSBURGER HANDBUCH

ÖLMALEREI

Dieter Jonas • Thomas Hoppe

RAVENSBURGER HANDBUCH ÖLMALEREI

Ravensburger Buchverlag

Danksagung

Wir bedanken uns bei allen, die uns bei diesem Buch geholfen und unterstützt haben, ganz besonders bei:
- Lena und Christa Dircks, Gustav und Elfriede Jonas, Hermann Jonas, Marlies Möller
- Künstlerwerkstoffe, Manfred Besser, Bundestraße 21, 20146 Hamburg
- Maltuche + Künstlerbedarf, Michael Radigk, Bahrenfelder Straße 49, 22765 Hamburg
- Studio an der Elbe – Werbeagentur, Ellen Koch + Egon Witt, Große Elbstraße 36, 22767 Hamburg

Die Schreibweise entspricht den Regeln der neuen Rechtschreibung.

1997 Ravensburger Buchverlag

Fotografie: Christa Dircks,
Studio Ahmadi (S. 168–179)
Umschlaggestaltung:
Ekkehard Drechsel BDG
Umschlagfoto: Christa Dircks
Lektorat: Astrid Hille
Textbearbeitung: Katrin Rüger
Layout: Dieter Jonas
Herstellung: Birgit Braun
Druck: Himmer, Augsburg
Printed in Germany

99 98 97 4 3 2 1

ISBN 3-473-48049-5

Die Deutsche Bibliothek –
CIP-Einheitsaufnahme

Ravensburger Handbuch Ölmalerei /
Thomas Hoppe; Dieter Jonas. –
Ravensburg: Ravensburger Buchverl., 1997
ISBN 3-473-48049-5 Gb.

Inhalt

Einführung

Material

Die Ölmalerei – Grundlagen

Themen

Pigmente und Rezepte

Anhang

Zu diesem Buch

Kaum ein anderes Medium der Kunst tritt uns in seiner Wirkung so facettenreich und vielseitig entgegen wie die Ölmalerei. Der Charakter der Ölfarbe bietet ein faszinierend breites Spektrum an Gestaltungsvarianten und Techniken: Die Möglichkeiten reichen von feinsten Lasuren bis zum pastosen Farbauftrag, von der Erarbeitung detailgetreuer, fotorealistischer Bilder bis zu experimentellen Techniken abstrakter Werke, von spontaner Alla-Prima-Malerei bis zum Aufbau des Bildes in zahlreichen Schichten. Diese Vielseitigkeit hat Künstler der verschiedenen Epochen dazu angeregt, Bilder voller Schönheit und Ausdrucksstärke zu schaffen und immer neue Wege im künstlerischen Ausdruck zu beschreiten.
Mit Ölfarben zu arbeiten, ist daher für erfahrene professionelle Maler ebenso wie für Hobbymaler ein Prozess des Lernens, Entdeckens und Experimentierens. Auf diesem Weg wird das Ravensburger Handbuch der Ölmalerei Anfänger wie Fortgeschrittene begleiten. Es stellt Ihnen die Materialien vor, führt Sie in die Grundlagen und Techniken der Ölmalerei ein, und Dieter Jonas zeigt Ihnen Schritt für Schritt, wie ein Ölbild aufgebaut wird. In gut nachvollziehbaren Übungen lernen Sie die klassischen Themen der Malerei kennen und erhalten dadurch zahlreiche Anregungen und Ideen für Ihr eigenes künstlerisches Gestalten. Ein Rezeptteil bietet Ihnen die Möglichkeit, Ihre eigenen Farben, Mal- und Bindemittel von besonderer Qualität herzustellen und gibt Ihnen einen umfassenden Überblick über alle wichtigen Pigmente.

Dieses Buch möchte Ihnen den Spaß und die Freude vermitteln, die die Ölmalerei bietet. Es wird Sie dazu anregen, ihre individuelle Ausdrucksweise zu finden und eigene künstlerische Wege zu beschreiten.

Zur Geschichte der Ölmalerei

Die Ölmalerei ist der Klassiker unter den Maltechniken, denn wohl kaum ein anderes Malmaterial bietet eine solche Vielfalt in Ausführung und Anwendung wie die Ölfarbe. Die Ausdrucksstärke und der Farbenreichtum der Ölfarben, die dem Dargestellten eine scheinbare Leichtigkeit verleihen, die Möglichkeit, in den verschiedensten Techniken auf den unterschiedlichsten Oberflächen malen zu können, sowie die lange Bearbeitungszeit, die die langsam trocknende Ölfarbe dem Maler einräumt – all dies sind Gründe, warum die Ölmalerei zu einer der beliebtesten Techniken wurde.

Wirft man einen Blick auf die Geschichte der Ölmalerei, stellt man fest, dass es sich um ein relativ junges Medium handelt – im Gegensatz zur Malerei mit Wasserfarben, die schon den alten Ägyptern bekannt war. Denn die Geschichte der Ölmalerei ist zunächst auch eine Geschichte ihrer Farbmittel, deren Entwicklung erst mit dem Beginn der industriellen Herstellung von standardisierten Ölfarben ihren Abschluss fand.

In der Antike kannte man Erdfarben sowie organische Tier- und Pflanzenfarbstoffe. Viele Bildwerke der Antike sind jedoch leider verloren gegangen. So existierten Skulpturen aus Ton, Marmor, Holz oder ähnlichen Materialien, die meist farbig bemalt waren. Maltechnisches Schriftwerk dieser Zeit liefern uns nur Vitruv oder Plinius d. Ä. (24–79 n.Chr.). Plinius beschreibt in seiner Enzyklopädie „Naturalis historiae" u. a. die sogenannten „punischen Wachse". Diese wurden wahrscheinlich schon in der Wachsmalerei – auch Enkaustik genannt – der Alexanderzeit eingesetzt, die auf einer Verwendung von Bienenwachs als Bindemittel beruhte. Einzige farbige Zeugen dieser Epoche sind die sogenannten Mumienporträts aus der Oase Fayum, einer

Mumienporträt aus der Oase Fayum, Wachsfarben auf Holz, ca. 4. Jh. nach Chr.

römischen Provinz Oberägyptens. Diese Porträts sind zum Teil mit wachshaltigen Bindemitteln oder in Tempera auf Holz gemalt. Dass jedoch die Enkaustik Vorgänger der Ölmalerei sei, konnte bisher noch nicht bestätigt werden.

Spätere Malvorschriften aus dem Mittelalter geben in der Art malhandwerklicher und künstlerischer Mustersammlungen Rezepte zur Herstellung von Farb- und Bindemitteln wieder. Sie sind aber nur in relativ kleiner Zahl erhalten. Das sogenannte „Lucca-Manu-

skript" aus dem 8. Jahrhundert sowie die „Mappae clavicula" aus dem 13. Jahrhundert sind wohl die frühesten maltechnischen Rezeptsammlungen dieser Art, in denen sich aufschlussreiche Methoden zu Farbmischung, Tempera- oder auch Leimmalerei finden. Nur wenige technische Hinweise in der Literatur belegen jedoch eine Verwendung ölhaltiger Bindemittel. Von der Herstellung eines Harz-Öl-Firnisses berichtet zum ersten Mal Theophilus Presbyter (1070–1125) im I. Buch seiner „Schedula diversarium artium". Er führt dabei auch den Begriff „fornis" an, von dem sich wahrscheinlich unser heutiger Begriff „Firnis" herleitet.
Bis circa zum 13. Jahrhundert wurde meist nur mit einer wässrigen Tempera gemalt. Um die Vermalbarkeit dieser Farben zu verbessern und ihre Elastizität zu erhöhen, wurde ihnen Eigelb zugegeben. Häufig wurden diese Bilder dann zum Schutz der Farben mit einem öligen Firnis überzogen. Dies und andere Verfahren sind in dem Malerbuch des Dionysos vom Athosberg überliefert, dessen Entstehungszeit allerdings unbekannt ist.
Eine weitere Quelle bietet das Malereitraktat von Cennino Cennini (geb. ca. 1370). Er beschreibt ebenfalls das Zubereiten von Leinöl, Firnis und auch schon das Malen mit Ölfarben. Cennini prägte früh die Begriffe „sfumato" und „manier", wie sie dann später Leonardo da Vinci verwenden sollte.

Das „Strassburger Manuskript", wohl die älteste deutschsprachige Handschrift zur Maltechnik, stammt aus dem frühen 15. Jahrhundert. Neben Arbeitsanweisungen sind auch „Werkstattgeheimnisse" und Rezepte enthalten: Und schon hier wird – wenn auch immer noch sehr selten – über die Zubereitung von Ölfarben berichtet.

Grundsätzlich muss gesagt werden, dass alle genannten Quellen in ihren Angaben sehr allgemein gehalten sind und in mancher Hinsicht mehr Unstimmigkeiten über bestimmte Techniken entstehen lassen als Klarheit. Dies liegt vor allem auch darin begründet, dass jeder Meister seine eigene Technik besaß, die er als streng gehütetes Geheimnis nur an seine Meisterschüler weitergab.

Viele Experimente mit Ölen, Harzen und Lacken führte Leonardo da Vinci (1452–1519) durch. Merkmale für die Arbeit mit Ölfarben bei da Vinci finden sich u. a. an seinen Gemälden „Anbetung der Könige" und am „Hieronymus". Und in einem Arbeitsvertrag wurde festgelegt, dass ein Madonnenbild in der Malweise „a olio" auszuführen und in den Blaupartien das auch heute noch außerordentlich kostbare Lapislazuli zu verwenden sei.

Leonardo da Vinci, Madonna in der Felsengrotte, Öl auf Holz, 1483.

Häufig wurden die Gebrüder Hubert und Jan van Eyck als Erfinder der Ölmalerei bezeichnet, zum ersten Mal von dem berühmten Kunsthistoriograph Giorgio Vasari (1511–1574). Heute ist diese Ansicht jedoch nicht mehr haltbar. Ebenso wie bei früheren Künstlern handelt es sich auch bei den Werken der van Eycks um eine strichelnde Malweise mit Temperafarben und eventuellen Lasuren in die Ölfirnisse. Schon vor Jan van Eyck hatte es Versuche gegeben, den Temperafarben durch Zugabe von Öl erhöhte Beständigkeit und Leuchtkraft zu verleihen. Auch Zwischenfirnisse aus Harzölen waren bereits bekannt.

Beeinflusst wurden die Flamen durch die italienischen Meister der Renaissance. Die Renaissance war eine Zeit des Umbruchs: Man begann sich von den idealisierenden, typisierten Darstellungsformen des Mittelalters zu lösen und das zu malen, was man wirklich sah. Ebenso arbeiteten die Künstler auf immer größeren Formaten, für die das Holz bald zu schwer wurde, sodass sich nun nach und nach die aufgespannte Leinwand durchsetzte. Dieses freiere Malen auf größeren Formaten verlangte allerdings auch nach einer freizügigeren Maltechnik. Einer der innovativsten Maler dieser Zeit war Tizian (1477–1576), der sich ebenfalls stark mit der komplexen Ölmaltechnik auseinandersetzte. Bereits in seinen Grundierungen finden sich neben Bleiweiß auch Filme trocknender Öle. Das spricht dafür, dass er versuchte, die Farben für weitere Malschichten „frisch“ – also feucht – zu halten, wenn er seine Arbeit unterbrechen musste. So konnte er sein Bild aus zahlreichen Schichten aufbauen und es zugleich farblich immer wieder seinen Ideen anpassen. In seinem Bildaufbau lehnte der späte Tizian eine detailgetreue Vorzeichnung ab, da sie seine Fantasie einschränke. Ebenso entfernte er sich von der von ihm als grell und unnatürlich empfundenen Farbgebung seiner Vorgänger; er bevorzugte stumpfe, gebrochene Farben, die der Wirklichkeit genauer entsprachen.

Tizian, Selbstporträt, Öl auf Leinwand, ca. 1550–1562.

Erst mit dem 17. Jahrhundert beginnt die Geschichte der Ölmalerei, wie wir sie heute kennen. Als wichtigster Vertreter des 17. Jahrhunderts sind sicherlich Rubens und Rembrandt zu nennen. Peter Paul Rubens (1577–1640) bevorzugte für seine Holztafeln helle Kreidegrundierungen, die er mit Öl imprägnierte. Darüber legte er eine streifige, oft ölgebundene Imprimitur in grauen oder braunen Tönen, denn er malte stets vom Dunklen zum Hellen. Mehr Aufschluss über Rubens' Mal- und Bindemittel geben die Berichte seines Freundes Théodore Turquet de Mayerne, einem Arzt und Apotheker. Nach seinen Aussagen wählte Rubens seine Materialien sehr bewusst aus, und die Bandbreite reichte von reinem Öl bis hin zur Eitempera.

Die Palette von Rembrandt Harmensz van Rijn (1606–1669) – dem Meister des Hell-Dunkel-Kontrastes – war, wie die

Rembrandt Harmensz van Rijn, Selbstporträt, 1665.

Peter Paul Rubens, Die drei Grazien, Öl auf Holz, um 1638.

aller großen Maler, relativ einfach. Er arbeitete mit dicken Farbschichten (Impasto-Technik), durch die es ihm gelang, einen ausgesprochen hohen Grad an illusionistischer Wirkung zu erzielen. Eventuell hat Rembrandt selbst die Dicke und die Verarbeitungsmöglichkeiten der Farben auf dem Reibstein manipuliert und entwickelte so einen im 17. Jahrhundert nie gekannten Farbreichtum für die Malerei. In seinen Farben fanden sich ausschließlich Leinöl und in manchen Fällen sogar Walnussöl. Auch anorganische Beimischungen wie Bleiverbindungen oder zu Puder gestoßenes Glas wurden nachgewiesen. Sie dienten in erster Linie zur Verkürzung der Trockenzeit. Rembrandts Malerei besitzt etwas Faszinierendes: Häufig trug er seine Farbschichten mit einem Pinsel oder auch einem spachtelartigen Instrument „nass in nass" auf die Leinwand auf. Er spielte mit Farbakzenten, setzte Farbflächen neben- und übereinander und gab seinen Bildern dadurch eine unvergleichliche Spannung und Lebendigkeit.

In den nachfolgenden Jahrhunderten hat die Ölmalerei zahlreiche Entwicklungen durchlaufen. Ausschlaggebend war dabei das Aufkommen industriell hergestellter Farben. Ursprünglich war die Herstellung der Farben und Untergründe sehr mühselig, denn bis zur beginnenden Industrialisierung im ausgehenden 18. Jahrhundert waren die Maler auch ihre eigenen Farbenhersteller. Jedes Pigment musste zunächst immer erst mit einem Bindemittel angeteigt (d. h. vermischt) werden: eine mühevolle Arbeit, die in den großen Malerwerkstätten früherer Jahrhunderte meist den Lehrlingen zufiel. Für das Anreiben der Farben verwendete man Mörser und Pistill oder einen Läufer und eine Steinplatte. Die so angeriebene Farbe konnte aber nur wenige Tage, zum Beispiel unter Wasser, frisch gehalten werden, da sie dann austrocknete. Vor dem 19. Jahrhundert bewahrte man die Farben vor Luft geschützt in speziellen Tierhäuten bzw. -blasen auf. Um später wieder an die Farbe gelangen zu können, wurde die lederne Haut einfach mit einem spitzen Gegenstand durchstochen. Auf die Dauer führte diese Prozedur jedoch zu einem sehr großen Farbverlust.

Bereits im 18. Jahrhundert gab es erste Erfindungen synthetischer Pigmente. So entdeckte zum Beispiel der Farbenkünstler Diesbach zu Berlin zufällig, wie man das Pigment Berliner Blau künstlich gewinnen konnte, als er aus Cochenille den roten Farblack Karmin herstellen wollte. 1802 entwickelte der

Mörser und Pistill, die früher wie heute zum Anreiben der Farben verwendet werden.

Farbbehältnis aus Tierhaut oder -blase sowie ein angespitzter Knochen zum Aufstechen der Blase.

Übergangslösung zur Farbaufbewahrung: die Metallspritze.

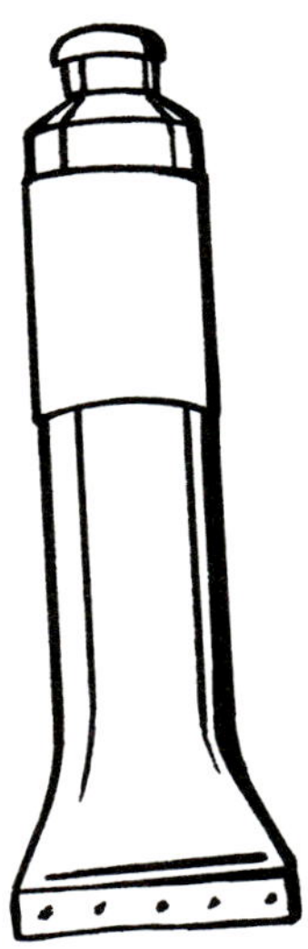

Eine Farbtube, wie wir sie heute kennen: Diese Entwicklung hatte großen Einfluss auf die Kunstgeschichte.

französische Chemiker Thénard ein rationelles Herstellungsverfahren für Kobaltblau. Nach 1830 fand ein von Sven Rinmann etwa fünfzig Jahre zuvor hergestelltes grünes Kobaltpigment seinen Weg auf die Palette der Maler, und der Edle von Mitis stellte 1800 in Wien eine Kupferacetoarsenit-Verbindung her, die dann ab 1814 in Schweinfurt industriemäßig als sog. Schweinfurtergrün produziert wurde. So entdeckte man nach und nach Wege und Möglichkeiten, Pigmente synthetisch herzustellen.
Als man Künstlerölfarben daher auch in immer größeren Mengen kostengünstig herstellen konnte, suchte man nach einem geeigneten und praktischen Behältnis zur Aufbewahrung. Dieses wurde zunächst 1822 in einer Art metallenen Spritze von James Harris und später in einer gläsernen Weiterentwicklung derselben von Windsor & Newton gefunden, aber sie boten beide keine befriedigende Lösung.
Erst 1841 meldete der Amerikaner John Rand, ein in London lebender Porträtmaler, das Patent No. 8863 in England für die Herstellung von Tuben für Malfarben an, die sich rasch durchsetzen sollten. In diesen aus Zinn bestehenden „Tubes for Paints and other Fluids" konnten Malfarben gebrauchsfertig in den Handel gebracht werden. Da sie darin weitgehend von der Luft abgeschlossen waren, trockneten die Farben kaum noch aus, und überdies konnten Maler jeweils nur die Menge entnehmen, die sie für ihren aktuellen Bedarf benötigten. So begann der Weg zu den uns heute bekannten Tubenfarben.

In der sich ausdehnenden Mechanisierung des 19. Jahrhunderts kamen zudem die sog. Walzenstühle auf, mit denen ein effektiveres Anreiben von Pigmenten mit den Bindemitteln möglich wurde. Der Walzenstuhl stellt eine Weiterentwicklung der Farbmühlen dar, die noch bis spät in dieses Jahrhundert von gewerblichen Malern eingesetzt wurden. Die einfachste Art der Walzenmaschine – mit nur zwei Walzen – kommt nur sehr selten zum Einsatz. Die bis heute gängigste Maschine dieser Art ist der Drei-Walzenstuhl, dessen drei Walzen gleicher Länge und gleichen Durchmessers entweder aus Eisen, Stein oder gelegentlich auch aus Porzellan bestehen. Über die vordere Walze wird mittels eines Trichters das Mahlgut – der Farbenbrei (Pigment und Bindemittel) – eingefüllt. Mit leichtem, regulierbaren Druck werden Pigment und Bindemittel dann „innig miteinander verrieben", wie es in der Fachsprache heißt. Der maschinelle Reibvorgang läuft über die mittlere bis zur letzten Walze, an deren Ende eine Ablaufvorrichtung angebracht ist, wo schließlich die fertig angeriebene Farbe abgenommen werden kann.

Aufgrund dieser industriellen Entwicklung bot sich den folgenden Kunstrichtungen zum einen eine standardisierte Farbpalette im Farbton immer gleicher Farben, zum anderen wurden die Farben „transportfähig". Erst dadurch konnte sich eine Stilrichtung wie die des Impressionismus entwickeln. Man arbeitete mit „Industrie-Künstleröl-

Walzenstuhl mit Kühlvorrichtung.

farben" aus der Tube und hellgrundierten Leinwänden (die übrigens nun auch schon fertig grundiert im Handel angeboten wurden).
Die Kunst wurde zudem durch den allgemein aufbrechenden Individualismus geprägt, und in den Mittelpunkt des Interesses trat nun die „Handschrift", der individuelle Pinselstrich des Künstlers. Diese Pinselschrift zeigt sich zunächst bei den Impressionisten – einer der berühmtesten war Claude Monet (1840–1926) –, die ihre Farben ohne Untermalung oder genauere Vorzeichnung direkt mit dem Pinsel oder dem Spachtel in kurzen Strichen nebeneinander auf die Leinwand setzten. Aus der Ferne betrachtet, mischen sich diese Farbstriche im Auge des Betrachters zu neuen Farbtönen (optische Mischung). Das traditionelle Hell-Dunkel wurde von einer wesentlich aufgehellten Farbpalette abgelöst, die klassische Perspektive zugunsten einer größeren Flächigkeit aufgegeben.
Thema der Impressionisten war nicht mehr die objektive Wiedergabe der Natur, sondern in erster Linie das subjektive Einfangen von Licht und Atmosphäre. Einen Vorläufer bot in dieser Hinsicht die Schule von Barbizon, eine Malerkolonie, deren bedeutendste Vertreter Théodore Rousseau (1812–1867) und Camille Corot (1796–1875) waren. Auch sie hatten sich schon darum bemüht, Natureindrücke in ihren Bildern zum Ausdruck zu bringen.
Über den Impressionismus hinaus ging der expressive Stil Vincent van Goghs (1853–1890), der seine Farben sehr pastos – häufig direkt aus der Tube – auf die Leinwand setzte. Auch Paul Cézanne (1839–1906) stellte durch seinen streng geometrischen Bildaufbau, in dem er alle Gegenstände auf die kubischen Formen Zylinder, Kegel und Kugel zurückführte, eine Ausnahmeerscheinung dar. Er legte damit den Grundstein für Richtungen der Moderne wie z. B. den Kubismus.

Claude Monet, Impression Sonnenaufgang, 1872.

Der Pointillismus führte den Impressionismus weiter; er basierte jedoch in der Farbgebung nicht mehr so sehr auf einer emotionalen Erfassung als auf den Grundlagen der wissenschaftlichen Farbtheorie. „Wissenschaftlicher" war auch die Bildordnung, die nun einem genauen Koordinatensystem folgte.

Der Expressionismus ging mit der Dissonanz seiner Farben und seinen erschreckenden Motiven gegen bürgerliche Moral und Ästethik an. Im Kubismus setzen sich Künstler wie Pablo Picasso (1881–1973) oder Georges Braque (1882–1963) unter Berufung auf Cézanne mit der Formensprache auseinander. Der Surrealismus schließlich machte die menschliche Psyche zum Bildthema. All dies sind Strömungen der Modernen, die zum Teil parallel verliefen, sich zum Teil überschneiden, die jedoch auch alle eine eigene Auseinandersetzung mit der Ölmalerei kennen.

CLASSICO

Material

Pinsel, Paletten, Farben, Atelierausstattung, Malgründe

Pinsel

Pinselpflege
Alle Pinsel müssen – damit ihre Qualität über längere Zeit hinweg erhalten bleibt – gut gepflegt werden. Die wichtigsten Regeln für die Pinselpflege sind:
1 *Nie Farbreste im Pinsel trocknen lassen; aber auch nie Pinsel im Lösemittel stehen lassen!*
2 *Ölfarbenpinsel nach der Arbeit immer gründlich auswaschen, und die Borsten und Haare danach stets „wieder-in-Form-bringen".*
3 *Die Pinsel nach der Reinigung stets mit der Spitze nach oben auf dem Pinselstiel stehend in ein Gefäß stellen.*

Die benutzten Ölmalpinsel werden zunächst mit einem Lösemittel, etwa Terpentinöl, Testbenzin und in ganz besonders schweren Fällen mit sogenannten Pinselreinigern aus dem Fachhandel von groben Farbresten befreit. Auch eigens für diesen Zweck hergestellte Pinselwascher, wie Sie z. B. auf der Abbildung von Seite 17 sehen, leisten gute Dienste. Sie wer-

Pinsel gehören zu den ältesten Werkzeugen der Menschen überhaupt. Wahrscheinlich waren ausgefaserte Pflanzenstängel die ersten pinselähnlichen Geräte, und schon früh lernte man, aus Fellteilen oder Vogelfedern Pinsel herzustellen. In der antiken Literatur wird dann erstmals der „pencillus" der Wand- und Tafelmaler erwähnt, aus dem unser Wort „Pinsel" entstanden ist. Und auch die bis heute noch gebräuchlichen frühen chinesischen Pinsel haben sich in ihrer Konstruktion seit Jahrhunderten kaum oder nur wenig verändert.

Der Pinsel ist das wichtigste Werkzeug des Malers. Heute werden sie in zahlreichen Ausführungen angeboten. Unterschiede zwischen den verschiedenen Pinseltypen bestehen zum einen in ihren Speicherkapazitäten: Je länger und rauer die Struktur der Borsten oder Haare ist, desto mehr Farbe kann der Pinsel halten. Zum anderen ergibt jeder Pinsel, je nach Art und Qualität, eine andere Pinselspur. Das Spektrum reicht hier von feinen Rotmarderhaarpinseln, mit denen scharfkantige, dünne Linien gezogen werden können, bis zu Pinseln mit einem breit verwischenden Strich, die sich zum Anlegen größerer Flächen eignen.

Die Konstruktion aller Pinsel ist im Prinzip gleich. Als Besatz (oder auch Besteck) bezeichnet man alle natürlichen und synthetischen Borsten und Haare, die in der Pinselherstellung verwendet werden. Der Pinselkopf besteht aus Besatz und Zwinge, der maschinell auf den Pinselstiel gepresst wird.

Rein biologisch gesehen besteht zwischen Haaren und Borsten kein Unterschied. Allgemein werden jedoch nur die steifen und kräftigen Haare von Haus- und Wildschweinen Borsten genannt. Sie sind konisch gewachsen, d. h. an der Wurzel – am Kopf – dicker als an der Spitze, die mehrfach geteilt ist. Diese sogenannte „Fahne" bleibt bei der Borstenverarbeitung erhalten, weil man damit die Malfarben gleichmäßig und ohne Pinselfurchen auftragen kann. Haare sind wie Borsten auch leicht konisch gewachsen, besitzen aber keine „Fahne", sondern laufen in der

Spitze fein aus. Die wertvollsten Haare für die Pinselherstellung sind die Schweifhaare von Rotmardern. Das wichtigste synthetische Besatzmaterial besteht aus Polyamidfasern, die unter den Handelsbezeichnungen Nylon, Perlon oder Taklon auf den Markt kommen. Diese Fasern sind zylindrisch, meist ungefärbt weiß, oder auch neuerdings bernsteinfarben gefärbt.
Als Borsten dürfen nur natürliche Borsten bezeichnet werden, deren beste Sorten China und Russland liefern. Am bekanntesten für Künstlerpinsel sind die chinesischen Schweineborsten. Sie sind sehr widerstandsfähig, was besonders in der Ölmalerei von großem Vorteil sein kann, und meist auch relativ preiswert.
Iltis- und Wieselhaare werden vor allem in flachen Pinseln verarbeitet. Sie bieten gute Aquarell- und Ölmalpinsel, und man verwendet sie häufig auch zum „Verschneiden" von Rotmarderhaarpinseln. Die elastischen, langspitzigen Sorten werden vor allem als Temperapinsel und als sogenannte Plakatschreiber angeboten.
Bärenhaar – meist aus Kanada oder Russland – ist besonders kräftig. Die dunklen Haare werden vor allem wegen ihrer Elastizität und ihres starken Glanzes geschätzt und hauptsächlich in feineren Lackier- und Firnispinseln verarbeitet.
Aus dem wertvollen und teuren **Dachshaar** stellt man meist sogenannte Vertreiber her. Ihre besonders schöne Zeichnung wird oft bei Ziegen- oder chinesischen Rosshaaren durch „Nachfärben" imitiert, die dann von echten Dachshaaren nicht mehr zu unterscheiden sind.
Lange und elastisch-feine Haare gewinnt man aus der Schweifspitze von **Rot- und Feuermardern.** Sie laufen in einer feinen Spitze aus und sind bis zu fünf Zentimeter lang. Im feuchten Zustand liegen die Haare dicht zusammen, und es bildet sich eine geschlossene Form. Als teure Feinmalpinsel werden sie hauptsächlich von Aquarellmalern geschätzt, aber auch gern in der Ölmalerei eingesetzt, vor allem für feine Lasurarbeiten.
Synthetische Haare liegen in ihren technischen Eigenschaften je nach Faserstärke, Nachbehandlung und Art der künstlichen Anspitzung zwischen denen von Haar und Borste. Ihr Vorteil: Aufgrund ihrer glatten Oberfläche können Öl- und Acrylfarben selbst dann noch leicht ausgewaschen werden, wenn die Farben schon angetrocknet sind.

Tipps für den Anfänger
In der Ölmalerei werden meist mehr Borsten- als Haarpinsel verwendet (am häufigsten Schweineborsten), da diese widerstandsfähiger sind, nicht so leicht verkleben und sich die Farbe mit ihnen leichter verteilen lässt. Haarpinsel eignen sich zum Malen feiner Linien, Details und für das Anlegen von Lasuren. Empfehlenswert sind die zwar teuren, aber bei guter Pflege auch langlebigen Marderhaarpinsel. Sowohl Borsten- als auch Haarpinsel werden mit kurzen oder langen Haaren sowie als Rund- und Flachpinsel angeboten. Der Pinselstrich einer längeren Borste ist weicher, der einer kurzen genauer. Für den Anfang genügen drei bis vier verschiedene Pinsel.

den als offene Gefäße oder mit Deckel angeboten, wobei letztere den Vorteil haben, dass die Lösemittel nicht so schnell verdunsten. Anschließend werden die noch feuchten Pinsel mit warmen Wasser und grüner Seife ausgewaschen. Dass die Reinigung erfolgreich beendet ist, erkennt man daran, dass sich weißer Schaum bildet. Zum Schluss wird der Pinsel noch einmal mit klarem Wasser nachgespült und mit den Fingern in seine ursprüngliche Form gebracht. Größere Pinsel werden zu diesem Zweck beim Trocknen in Zeitungs- oder Packpapier gewickelt.

Paletten

Paletten gehören – vor allem in der Ölmalerei – neben den Pinseln zum wesentlichen Werkzeug des Malers. Wann eine Palette zum ersten Mal verwendet wurde, ist nicht bekannt. Sicherlich gab es jedoch immer spezielle Unterlagen, auf denen Farben und Farbtöne ausgemischt werden konnten. **Braune Holzpaletten** gehen wahrscheinlich auf die Barockzeit zurück, da man damals meist noch auf rotbraunen Untergründen malte: Diese dunklen Paletten entsprachen somit dem Farbton des Malgrundes, was die Einschätzung von Farbwirkungen erleichterte. Da man heute meist auf sehr hellen Malgründen arbeitet, sollte man auch eine möglichst **helle Holzpalette** verwenden, wie sie inzwischen neben dem klassischen dunklen Holz auch im Handel zu finden ist.
Angeboten werden auch weiße Paletten aus Kunststoff, weiß lackiertem Blech oder Aluminium. Sie werden gewöhnlich aber als Tempera-, Wasserfarben- oder Schülerpaletten eingesetzt. Wenn in der Ölmalerei mit **Kunststoffpaletten** gearbeitet wird, ist zu beachten, dass der Kunststoff unbedingt lösemittelbeständig sein muss, d. h. er darf nicht durch Terpentinöl, Testbenzin o. ä. aufgeweicht werden. Empfehlenswert sind je nach Arbeitssituation auch sogenannte **„Abreißpaletten“**, die mit weißer Pappe unterlegt und mit mehreren Schichten Pergamentpapier überzogen sind. Nach Abschluss der Arbeit wird das oberste Papier einfach abgerissen.
Formen und Größen von Paletten haben sich im Laufe der Zeit je nach Geschmack und Verwendung weiterentwickelt. Die Bandbreite reicht von den etwa handtellergroßen kleineren Paletten der Miniaturmaler bis hin zu den schwungvollen, respekteinflößenden Armpaletten, wie sie die plein-air (in der Natur) malenden Impressionisten verwendeten. Auf einer solchen Armpalette können relativ große Mengen Ölfarbe aufgetragen und vermischt werden, was für einen im Freien schnell arbeitenden Maler sehr wichtig ist, wenn er malen und nicht fortwährend die Tuben zur Hand nehmen will.
Heute werden Holzpaletten in vielen Größen und den unterschiedlichsten Formen – rund, rechteckig, oval – angeboten. Auch die matt weiß lackierten Kunststoff- und Aluminiumpaletten mit Unterteilungen oder runden Vertiefungen gibt es in großer Auswahl im Fachhandel. Sie sehen zwar nicht sehr repräsentativ aus, sind jedoch sehr praktisch.

Tipps für den Anfänger

Sollten Sie zunächst vor dem Kauf einer eventuell teuren Palette zurückschrecken, können Sie auch ein einfaches Holzbrettchen, z. B. eine weiß beschichtete Holzspan- oder Holzfaserplatte, oder ein Stück Glas oder Plastik verwenden. Aber Vorsicht: Wenn Sie mit Paletten aus Kunststoff arbeiten möchten, müssen Sie auf jeden Fall darauf achten, dass diese lösemittelbeständig sind.

Reinigung und Pflege von Holzpaletten

Um die Holzpalette leichter reinigen zu können, sollte man sie vor dem ersten Gebrauch mehrmals mit einem stark verdünnten, tief ins Holz eindringenden Tiefgrund – z. B. Nitrozelluloselack – behandeln. Die Holzporen werden dabei geschlossen und können kaum noch Ölfarbe aufnehmen. Frische Ölfarbenreste lassen sich dann leicht mit einem in Terpentinöl oder Testbenzin getauchten Lappen oder Papiertuch entfernen. Sind Ölfarbenreste schon etwas angetrocknet, kann man sie mit einem Palettmesser abkratzen. Die dann noch verbliebenen Reste lässt man anschließend auf der Palette mit ein wenig Testbenzin, Terpentinöl oder auch einem sogenannten Pinselreiniger anquellen. Anschließend können sie relativ leicht entfernt werden.

Malspachtel oder Palettmesser werden in vielen verschiedenen Größen und Ausführungen angeboten, auf dem Bild sehen Sie drei davon. Auch bei den Paletten findet sich eine große Auswahl: hier eine helle Holzpalette in klassischer Nierenform, darunter eine dunklere rechteckige Holzpalette. In die Palettstecker auf den Paletten werden Malmittel eingefüllt, sodass sie stets malbereit zur Verfügung stehen.

Ölfarben, Malmittel und Firnisse

vor allem für Experimente oder Versuche sind sie vollkommen ausreichend. Sie können im Zweifelsfall auch mit einer Kombination arbeiten, indem Sie Studienölfarben für untere Bildschichten einsetzen und teure Künstlerölfarben nur für die oberen Bildschichten verwenden. Beachten Sie beim Kauf auch die Angaben zur Lichtechtheit, Transparenz und Gesundheitsschädlichkeit der Farben. Es werden hohe, gute und durchschnittliche Lichtechtheitsgrade angeboten sowie transparente/lasierende, halbtransparente, halbdeckende und deckende Ölfarbsorten.

Verschiedene im Handel erhältliche Farbtuben.

Ölfarben bestehen immer aus einer Mischung von Pigment und Ölbindemitteln. Grundsätzlich haben Sie die Möglichkeit, Ölfarben auch selber herzustellen. Am Ende dieses Buches werden dafür die wichtigsten Pigmente, Bindemittel und Rezepte vorgestellt. Für Anfänger empfiehlt sich jedoch zunächst die Arbeit mit fertigen Tubenfarben. Beim Kauf sollte man beachten, dass Ölfarben in unterschiedlichen Qualitäten angeboten werden.
Reine **Künstlerölfarben** sind die qualitativ hochwertigsten Farben. Sie bestehen aus reinen, unverschnittenen Pigmenten und Leinöl, und sie sind somit die besten und zuverlässigsten Farben. Sie sind aber auch relativ teuer. Preisgünstiger sind **Studienölfarben oder Akademieölfarben,** in denen auch nachgestellte oder imitierte Pigmente verarbeitet werden. Mit ihnen kann der Anfänger dennoch gut arbeiten, und

Tipps für den Farbeinkauf

- In der Farbauswahl sollten zunächst natürlich die Grundfarben Gelb, Rot und Blau enthalten sein. Dabei kann in unteren Bildschichten unbesorgt mit günstigeren Sorten gemalt werden, während man sich in oberen Schichten für die farbschöneren Typen wie z. B. Kadmiumgelb, -rot und Kobaltblau entscheiden sollte. Aus diesen Farben können alle anderen Farbtöne ermischt werden (vgl. S. 34–39).

• Zusätzlich empfiehlt sich eine Auswahl an Erdtönen wie Grüne Erde, Gelber Ocker und Roter Ocker. Hier sollte man sich stets für die farbschönsten besseren Sorten entscheiden, zumal diese meist nicht sehr viel teurer sind.

• Auch ein Weiß ist wichtig. Die Wahl des Weißpigments hängt jedoch von Ihrer Malweise ab. Wollen Sie eher lasierend arbeiten, sollte man Zinkweiß verwenden, während sich für die klassische Schichtentechnik Bleiweiß empfiehlt. Benötigt man ein strahlendes Weiß, bietet sich Titanweiß an.

• Schwarz sollte man nur in sehr geringen Mengen und möglichst nur für Grauabstufungen einsetzen. Wirkungsvoller ist es meist, ein Schwarz aus anderen Farben auszumischen. Das gängigste Schwarz ist wohl „Elfenbeinschwarz".

Malmittel und Firnisse können relativ einfach selber hergestellt werden. Genauere Informationen und Rezepte finden Sie im letzten Kapitel dieses Buches. Firnisse bestehen meist aus Harzlösungen. Sie geben dem Bild nicht nur einen gewissen Schutz, sie verleihen den Farben auch eine bessere Tiefenwirkung. Beim Auftrag eines Schlussfirnisses ist es wichtig, dass das Bild vollkommen durchgetrocknet ist, was manchmal Monate dauern kann. Malmittel werden Ölfarben beigegeben, um sie zu verdünnen und ihre Vermalbarkeit zu steigern. Sie wirken sich entweder beschleunigend oder verlangsamend auf die Trocknung aus. Zu beachten ist, dass schnell trocknende Malmittel nur in unteren, d. h. den ersten Bildschichten verwendet werden sollten. Zudem dürfen Malmittel grundsätzlich nur sparsam eingesetzt werden, da sie auch negative Wirkungen haben können: Das klassische Malmittel in der Ölmalerei ist z. B. Terpentinöl. Wird es jedoch in zu großen Mengen eingesetzt, können durch zu schnelles Verdunsten Risse in der Malschicht auftreten oder Ölfarben zu dünnflüssig und matt werden.

Tipps

• Wenn Sie Malmittel selber herstellen, sollten Sie dies in einer für den gesamten Arbeitsgang ausreichenden Menge tun. Für das Bild ist es wichtig, dass immer genügend Malmittel gleicher Zusammensetzung vorhanden sind.

• Setzen Sie – bei gekauften oder selber hergestellten Malmitteln – immer nur zuverlässiges, von Ihnen erprobtes Material ein. Achten Sie daher beim Kauf mehr auf die Qualität als auf den Preis. Informieren Sie sich bei Unsicherheiten bei Ihrem Fachhändler oder dem Hersteller. Ratsam ist es auch, unbekanntes Material zunächst einmal auszuprobieren und erst dann in Ölbildern zu verwenden.

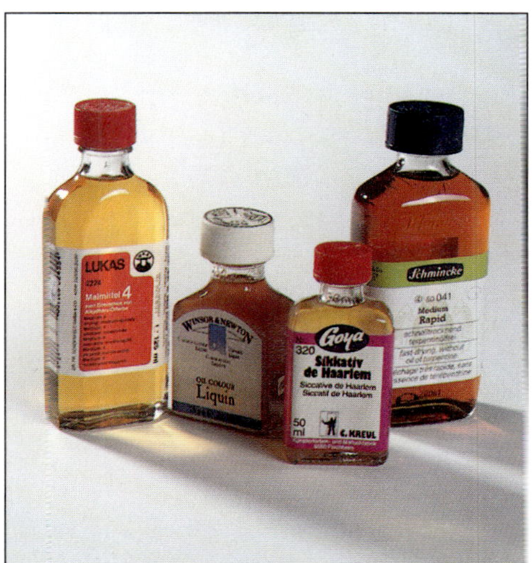

Einige Malmittel aus dem großen Angebot verschiedener Hersteller.

Atelierausstattung

Wie Sie ihr Atelier einrichten, ist nicht nur eine Frage der ganz persönlichen Bedürfnisse, sondern wird sich auch nach der Größe Ihres Geldbeutels richten. Der Anfänger sollte sich genau überlegen, was er wirklich sofort benötigt und was er vielleicht auch später nach und nach ergänzen kann. Dabei sollte sich die Ausrüstung vor allem nach der Art der Bilder richten, die man malen möchte. So muss man sich zunächst z. B. für eine **Staffelei** entscheiden. Wenn Sie nur wenig Platz haben und zudem auch nur relativ kleine Bilder malen wollen, genügt eine Tischstaffelei. Wollen Sie aber ab und zu draußen in der freien Natur malen, sollten Sie sich für ein sogenanntes „Dreibein" entscheiden. Haben Sie die Absicht, auch in großen Formaten zu arbeiten, empfiehlt sich eine große Atelierstaffelei, wie sie auch in den Kunstakademien verwendet wird.
Ein sehr wichtiger Faktor in der Malerei ist immer ausreichendes und möglichst gleichbleibendes **Licht.** Die alte Forderung jedoch, dass die Atelierfenster nach Norden liegen sollten, wirkt angesichts fortschreitender Beleuchtungs-, Bau- und Elektrotechnik leicht überholt. Allerdings sollten Sie bei der Wahl Ihres Standpunktes bedenken, ob Sie Rechts- oder Linkshänder sind, damit Hand und Pinsel keine unerwünschten Schatten auf den Malgrund werfen.

1 *Pinselwascher*
2 *verschiedene Pinsel im Pinseltopf*
3 *Tischstaffelei*
4 *einige handelsübliche Malmittel und Firnisse*
5 *Firnispinsel, Flächenstreicher Marderhaar, sehr teuer*
6 *„Vertreiber" Dachshaarpinsel, sehr teuer*
7 *Pigmente in Gläsern*
8 *Spannzange*
9 *Spachtel oder Malmesser*
10 *verschließbarer Palettenstecker*
11 *Malstock*
12 *Mörser und Pistil*
13 *Palette*
14 *grundierte Leinwand*
15 *Keilrahmen und Keile*
16 *fabrikfertige aufgezogene Leinwand auf Keilrahmen*
17 *Ölfarben in Tuben*
18 *einige Ölmalpinsel*
19 *Zeichenkohle*

Weiteres Malzubehör findet sich im Fachhandel in großer Auswahl: So gibt es z. B. spezielle Pinselhalter, die mit Terpentin oder Wasser gefüllt werden, und in die man dann die Pinsel bei kurzen Unterbrechungen der Arbeit einhängen kann, ohne dass ihre Spitzen gekrümmt werden. Palettmesser eignen sich gut zum Abkratzen von Farbresten auf der Palette, Spachtel zum pastosen Auftrag von Ölfarbe. Ein Malstock ist ein spezieller Stock mit rundem Knauf, auf den man seinen Unterarm auflegen kann, wenn man mit ruhiger Hand besonders gerade Linien und Kanten ziehen möchte. Auch spezielle Näpfchen für Mal- und Lösemittel werden angeboten. Solche und ähnliche Hilfsmittel sind in vielen verschiedenen Ausführungen und Qualitäten für jeden Bedarf, Geschmack und Geldbeutel erhältlich.

Tipps für die Erstausstattung
Anfangs ist eine nur relativ kleine Grundausstattung völlig ausreichend. Wägen Sie ab, was Sie wirklich benötigen. Vieles kann man zu Beginn auch mit einfachen Mitteln und etwas Improvisationsgabe selber herstellen. So kann z. B. eine alte verschließbare Kaffeebüchse den teuren Pinselwascher ersetzen und ein altes Küchenmesser das Palettmesser. Wollen Sie zunächst noch auf die Anschaffung einer Staffelei verzichten, müssen Sie Ihr Bild so stabilisieren, dass es beim Malen nicht umfallen kann. Der Vorteil einer Staffelei ist: Sie können das Bild fast senkrecht aufstellen und während der Arbeit immer wieder zurücktreten, um Ihr Bild aus der Distanz zu betrachten. Eines sollten Sie in jedem Fall stets in ausreichender Menge und mit Weitblick sammeln: alte Lappen! Sie werden in der Ölmalerei viel und gerne verwendet. Geeignet sind Reste alter Kleidungsstücke aus Baumwolle, die häufig gewaschen wurden. Diese fusseln nämlich kaum noch, was wichtig ist, wenn man mit dem Lappen etwas auf dem Bild wegwischen will.

1 *französische Wanderstaffelei mit Ölmalkasten*
2 *Tischstaffelei*
3 *Dreibein, Atelierstaffelei*
4 *Feldstaffelei*
5 *Atelierstaffelei*

Malgründe – Textile Gewebe, Holz, Papier, Malpappen und Metalle

Alle Unterlagen, auf denen gemalt wird, werden als Malgründe bezeichnet. Diese können aus den unterschiedlichsten Materialien bestehen: So kann man beispielsweise auf Textil, Holz, Papier oder auch Pappe malen. Einzige Voraussetzung ist, dass die Farbschichten auf dem Untergrund haften. Dies ist auch der Grund, warum nur äußerst selten Metalle und Glas Verwendung finden.
Vor dem eigentlichen Farbauftrag müssen die Malgründe grundiert werden. Nach der Grundierung spricht man von Bildträgern. Die Grundierung soll dem Bildträger eine gleichmäßige Saugfähigkeit und Struktur geben, auf der die Malschicht gut haften kann.
Die Entscheidung für einen bestimmten Malgrund oder Bildträger ist abhängig von der gewünschten Bildwirkung oder auch dem gewählten Format, denn jeder Bildträger hat seine individuelle Beschaffenheit.

Textile Gewebe
Textile Gewebe und Fasern können entweder tierischer (z. B. Wolle, die für die Malerei allerdings nicht in Betracht kommt) oder pflanzlicher Herkunft (Baumwolle) sein, oder sie werden synthetisch hergestellt (wie beispielsweise Dralon). Textile Malgründe aus Leinen- und Flachsgewebe (aus den Stängeln des Faserleins) gewannen für die Tafelmalerei in Europa übrigens erst an Bedeutung, als die Bildformate derartige Größen erreichten, dass man auf die weitaus schwereren Holztafeln verzichten musste.

Alle textilen Gewebe setzen sich grundsätzlich aus zwei sich kreuzenden Fadengruppen zusammen, wobei man generell drei Bindungsarten unterscheidet:
1. Leinenbindung,
2. Köperbindung und
3. Atlasbindung.
Für die Malerei sind nur die beiden erstgenannten von Bedeutung.

Bei der Leinenbindung kreuzt sich jeweils ein Schussfaden mit einem Kettfaden. Diese Gewebeart besitzt daher die meisten sogenannten „Bindungspunkte“, wodurch eine sehr gleichmäßige und feste Webstruktur entsteht. Diese leinengebundenen Gewebe sind sehr hart, knitteranfällig und eher glanzlos, jedoch auch scheuer- und schiebefest.
In der Köperbindung überspringt dagegen der Schussfaden je zwei Kettfäden und wird erst von dem dritten gebunden. Es verschiebt sich so der Bindungspunkt, wodurch ein diagonales Muster entsteht, eine Art Grätenmuster. Bildträger aus Hanfgeweben sind meist in Köperbindung gewoben.

Hanf wird aus der Hanfpflanze gewonnen. Feine Hanfgewebe werden seit dem 19. Jahrhundert für große Bildformate verwendet. Sie bieten sehr hochwertige Bildträger.

Jutegewebe werden heute aus Bastfasern asiatischer Lindensträucher gewonnen. Sie können nur zu sehr groben und starren Geweben verarbeitet werden, deren Verwendbarkeit als Malgründe begrenzt sind. Rupfen und Sackleinen werden z. B. aus Jutefasern hergestellt.

Baumwollgewebe sind, da sie aus Zellulosefasern bestehen, für mikrobak-

Verschiedene Rohleinenoberflächen

terielle Zersetzung anfällig und dadurch als Malgrund eingesetzt nur von minderer Haltbarkeit. Das Garn wird aus den Samenhaaren der Baumwollpflanze gesponnen, aus denen dann das Tuch gewoben wird. Die Verwendung als Maltuch setzte erst um die Jahrhundertwende ein. Für die Herstellung von Bildträgern wird es meist in Leinenbindung, selten in Köperbindung gewebt. Die dünneren Baumwollgewebe mit Leinenbindung bezeichnet man als Nessel. Das sogenannte Halbleinen besteht in der Kette aus Leinen und im Schuss aus Baumwolle.

Mischgewebe sind als Bildträger nicht zu empfehlen, denn die verschiedenen Fasersorten reagieren u. a. unterschiedlich auf Klimaschwankungen, und oft vereinigen sich eher die Nachteile der darin enthaltenen Gewebe als ihre Vorteile. So kommt es, dass sie schnell das ohnehin schon sensible System von Bildträger, Grundierung und Farbschicht stören.

Tipps für den Fortgeschrittenen
Alle natürlichen Fasern sind von Anfang an natürlichen Alterungsprozessen unterworfen. Die Einwirkungen von Temperatur und Luftfeuchtigkeit schaden ganz besonders bei häufig wechselnder Intensität. Aufgespannte Bilder werden bei hoher Luftfeuchtigkeit locker, ziehen sich aber in der Trockenheit wieder straff. Diese Bewegungen werden zusätzlich durch das Quellen verschiedener Substanzen in den Bildern beeinflusst. Ein Nachspannen ist nur dann angebracht, wenn das Bild über längere Zeit unter normalen Bedingungen „zur Ruhe" gekommen ist. Generell sollten Ölbilder unter möglichst gleichbleibenden äußeren Faktoren aufbewahrt werden, d. h. bei Temperaturen um 20 °C und einer relativen Luftfeuchtigkeit zwischen 50–60 %!

1 *Tischlerplatte*
2 *Hartfaserplatte*
3 *fabrikgrundierte Malpappe*
4 *Sperrholz-Multiplex (wasserfest verleimt)*

Holz

Holz war als massiver Bildträger schon den ägyptischen und griechischen Malern in der Antike bekannt. Seit der Spätrenaissance allerdings fanden die schweren Holztafeln aufgrund der immer größer werdenden Formate immer weniger Verwendung und wurden von den mit Leinen bespannten Holzrahmen abgelöst.
Holz ist generell für die Malerei nicht leicht zu bearbeiten, da es auf die verschiedensten Einflüsse außerordentlich empfindlich reagiert. Handwerksregeln empfahlen daher schon früh, beidseitig zu grundieren, damit sich die Tafeln nicht verziehen können. Alte holländische Bilder wurden z. B. auf 2–3 cm dicke, zusammengeleimte Bretter gemalt. Frühe italienische Bilder haben manchmal bis zu 10 cm Stärke, die nicht nur geleimt, sondern auch gedübelt oder mittels Schwalbenschwänzen „auf Stoß“ (fugenlos) gehalten wurden. Nicht selten sind dann Fugen zur Vorsicht mit dünnem Gewebe, manchmal auch mit Leinwand, kaschiert worden.

Sperrholz wird durch Umleimen eines oder mehrerer dickerer Blindfurniere mit je einem dünnen Deckfurnier hergestellt. Eine mehrfach verleimte Sperrholzplatte mit ausreichender Gesamtstärke lässt sich sehr gut als Bildträger einsetzen.

Tischlerplatten bestehen aus zusammengeleimten Holzstäbchen, die beidseitig mit je einem Deckfurnierblatt versehen sind. Sie haben sich seit Anfang dieses Jahrhunderts als sehr solide und zuverlässige Bildträger erwiesen, die sehr formbeständig sind, sich also kaum verziehen. Sie sind jedoch sehr schwer und nicht gerade preiswert.

Holzfaserplatten werden wegen ihrer Drahtsiebmusterung auf der Rückseite von Malern als leinwandähnliche Struktur geschätzt. Ein Nachteil ist hier allerdings die Stoßempfindlichkeit. Zudem finden sich manchmal noch Rückstände der Trennmittel aus der Pressform, die mit geeigneten Lösemitteln entfernt werden müssen, weil sonst die Verankerung der Grundierung im Bildträger beeinträchtigt wird.

Holzspanplatten können nur aushilfsweise als Bildträger eingesetzt werden, denn sie neigen zu unkontrollierten, starken Verwerfungen. Ihre Ecken und Kanten sind überdies gegen Stöße empfindlich, und auch hier ergeben sich bei größeren Formaten Probleme mit dem Gewicht.

Papiere und Pappen

Ölmalpapiere bestehen aus gut geleimten Papiermassen, die den beim Grundieren entstehenden erheblichen Zugspannungen standhalten müssen. Sie sind meist schwerer als 200 g/m^2. Für die Grundierung eines solch schweren Papiers verwendet man z. B. Kasein- bzw. Knochenleim oder auch stark verdünnte Kunststoffdispersion, die beidseitig aufgetragen wird.

Malpappen werden aus mehreren Lagen Papierstoff feucht zusammen geklebt und wiegen meist mehr als 500 g/m^2. Die etwa 3–4 mm starken Pappen werden zum Teil schon fertig grundiert angeboten, wobei sie in der Regel einseitig mit einer Leinenprägung versehen und beidseitig grundiert sind, manchmal auch mit Malkarton kaschiert. Sie sollten jedoch nicht in größeren Formaten über 40 x 50 cm (dann empfehlen sich eher mit Leinwand bespannte Keilrahmen o. ä.) verwendet werden.
Wer eine Pappe selbst malfertig grundieren will, sollte folgende Punkte beachten:

- Der Leim sollte stärker und häufiger verdünnt werden, je saugfähiger die Pappe ist, da er dann tiefer eindringt.
- Es sollten immer beide Seiten gleichermaßen mit Kasein- oder Knochenleim grundiert werden, weil sich die Pappe sonst verwirft.
- Es sollten keine größeren Formate als etwa 40 x 50 cm verwendet werden, weil auch hier die Gefahr des Verwerfens besteht.

Metalle

Metalle aus Kupfer oder Zink wurden in der Malerei nur vereinzelt verwendet. Ölfarbe aber haftet aufgrund der sehr glatten Oberfläche auf Metall eher schlecht. Will man dennoch einmal mit Metall arbeiten, ist Folgendes zu beachten: Vor dem Grundieren sollte man die Bleche gründlich entfetten. Dann wird nach einer alten Werkstattüberlieferung unverdünnte, dick angeriebene Bleiweiß-Leinölfarbe sehr dünn mit einem Ringpinsel aufgestupft. Nach gutem Durchtrocknen wird diese Prozedur mehrmals wiederholt, bis ein deckender weißer Grund entstanden ist. Auf diese etwas mühsame Weise wird durch Übereinanderlegen von vielen schleierartig dünnen Aufträgen eine gut haftende Grundierschicht geschaffen, die den Bildträger mit der Bildschicht verbinden kann. Eisenbleche müssen vor der Grundierung entrostet und dann mit einer Bleimennige-Ölfarbe (oder handelsüblicher Rostschutzfarbe) mehrere Male schleierartig dünn gestupft werden. Nach vollständiger Durchtrocknung kann grundiert und dann gemalt werden.

Tipp für den Anfänger

Für den Anfang empfehlen sich zunächst ein einfacher mit Leinwand bespannter Keilrahmen oder eine fertig grundierte Malpappe.

Leinwand aufspannen

Wahrscheinlich war Albrecht Dürer (1471–1528) der erste Maler, der auf textilen Geweben malte. Ganz sicher aber haben die Tischler von Peter Paul Rubens das Leinwand-Keilrahmen-System entscheidend mitentwickelt.

Beim Aufspannen einer Leinwand müssen vor allem zwei Dinge berücksichtigt werden: Erstens dürfen die Innenseiten der Leinwand den Keilrahmen nicht berühren. Aus diesem Grund verläuft am äußeren Rand des Keilrahmens eine kleine Erhebung, und der Keilrahmen ist nach innen hin etwas abgeschrägt. Zudem muss am Ende jeder Leiste ein Schlitz vorhanden sein, in den die Keile zum Spannen des Gewebes eingetrieben werden können. Die Größe des Keilrahmens ist natürlich von den Abmessungen des geplanten Bildes abhängig.

Um eine Leinwand selbst aufspannen zu können, benötigen Sie neben dem Keilrahmen noch einen Tacker, elektrisch oder von Hand betrieben, ausreichend Tackerklammern, Hammer und Schleifpapier.

Vor dem Zusammenbau müssen die Leisten an den Ecken etwas glatt geschliffen werden, sodass man sie leichter zusammensetzen kann (Abb. a). Setzen Sie zunächst immer nur zwei Leisten zu einem Winkel zusammen und erst dann diese beiden Winkel zum vollständigen Rahmen. Wenn der Keilrahmen noch zu instabil ist und die Ecken immer wieder auseinanderzurutschen drohen, können Sie sie mit kleinen Nägeln fixieren.

Abb. a

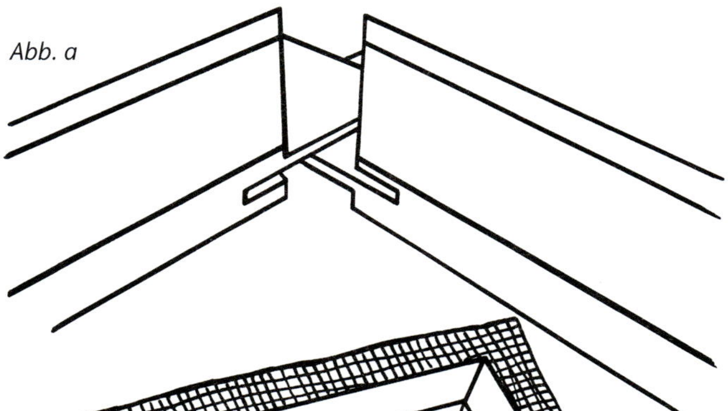

Abb. b

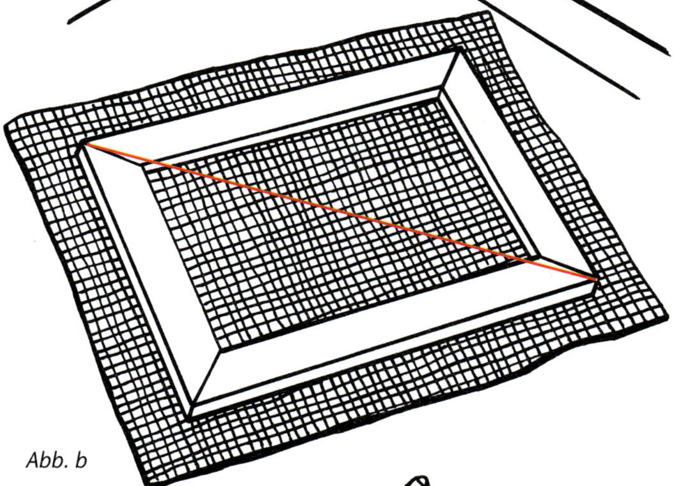

Abb. c

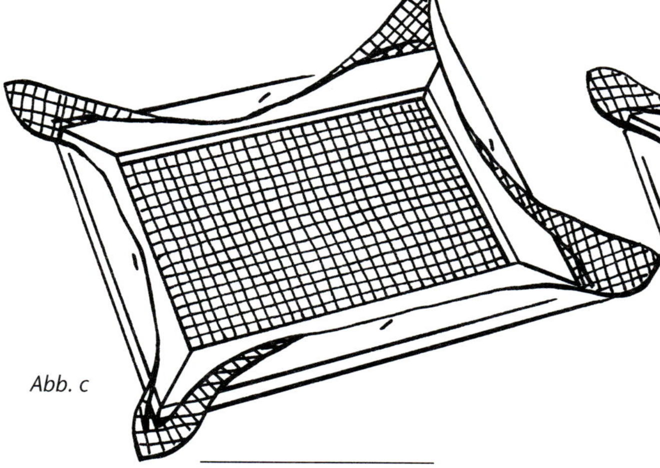

Abb. d

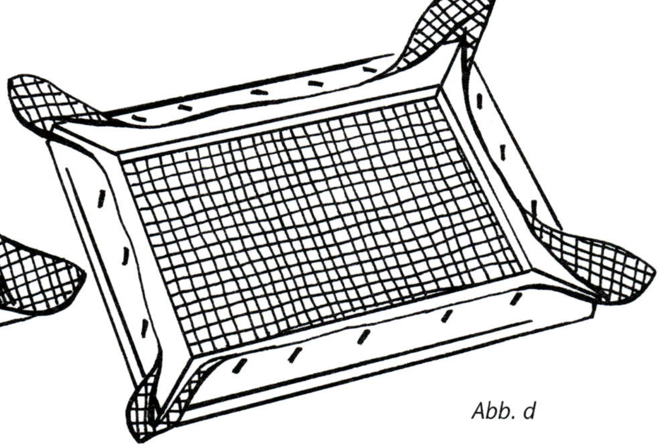

Nachdem der Keilrahmen komplett zusammengesetzt ist, muss er winkelgerecht ausgerichtet werden. Sollten Sie keinen Winkel zur Hand haben, können Sie sich mit einer einfachen Schnur behelfen. Verfahren Sie dabei nach dem einfachen mathematischen Prinzip, dass die Diagonalen eines Rechtecks stets gleich sein müssen, sofern die Winkel übereinstimmen. Legen Sie die Schnur über die Diagonalen des Keilrahmens, und richten Sie diesen mit leichten Hammerschlägen auf die Seiten winkelgerecht aus. Einfacher ist dies natürlich mit einem Winkel aus Metall. Nun wird die Leinwand aufgespannt. Achten Sie darauf, dass das Leinwandstück von ausreichender Größe ist, und auch, dass es „fadengerade“ (d. h. der Fadenlauf sollte parallel zum Rahmen verlaufen) ausgerichtet wird (Abb. b). Sie beginnen mit dem Aufspannen immer in der Mitte der sich gegenüberliegenden Seite mit nur einer Klammer (Abb. c). Tackern Sie dann die Leinwand zu den Ecken hin fest. Arbeiten Sie dabei immer abwechselnd auf den gegenüberliegenden Leisten, um eine gleichmäßige Spannung der Leinwand zu erhalten (Abb. d). Sie können die Leinwand auch mit speziellen Spannnägeln oder sogenannten Blauköpfen (Kammzwecken) befestigen. Diese Methode bedarf allerdings einiger Übung.

Meist stellen die Ecken das größte Problem dar. Falten Sie einen Teil der Leinwand nach innen hin (Abb. e) und schlagen Sie dann den überstehenden Teil zum Keilrahmen (Abb. f). Erst hier wird er dann mit einer Tackerklammer befestigt (Abb. g). Zum Schluss werden nun die Keile eingesetzt und zwar so, dass der gesägte „rechte Winkel“ zur Bildmitte hinweist. Mit leichtem Schlag werden sie eingetrieben, bis sich die Leinwand spannt (Abb. h).

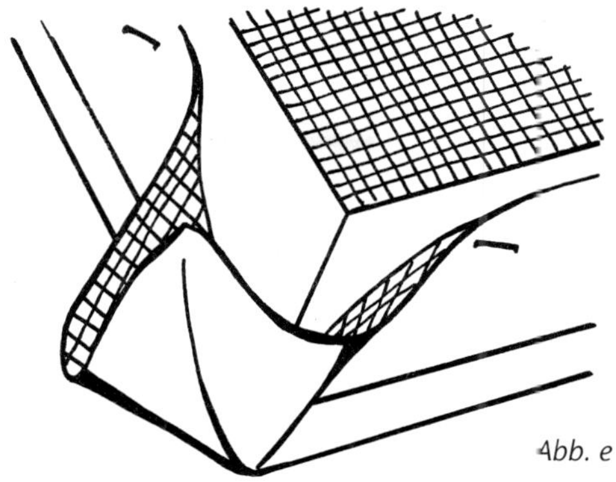

Abb. e

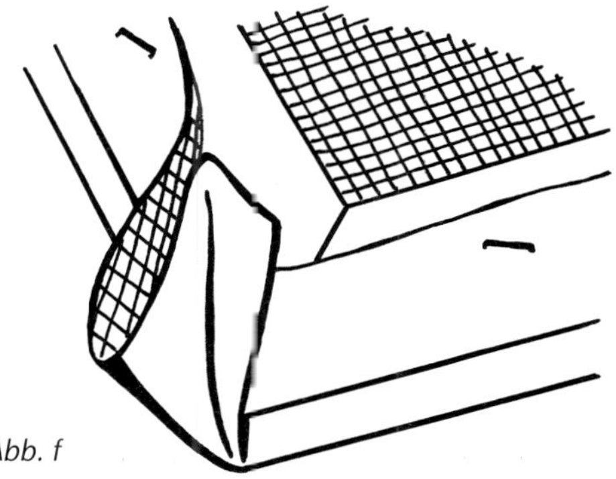

Abb. f

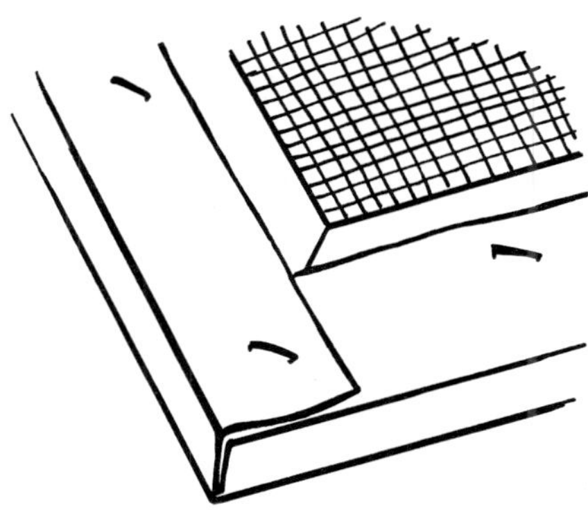

Abb. g

Abb. h

Bildträger grundieren

Bildträger und Grundierung sind die Fundamente, auf denen ein Bild aufgebaut wird. Sie können entweder mit fertigen, im Handel erhältlichen oder mit selbst hergestellten Grundierfarben arbeiten. Wenn Sie sich für letzteres entscheiden, gewinnen Sie mit einiger Übung Malgründe von besonderer Textur und Qualität. Materialkosten werden allerdings kaum eingespart, denn man muss neben ein wenig Zeit auch in eine zweckmäßige Einrichtung investieren. Dabei ist es ratsam, immer gleich eine ganze Reihe von Bildträgern zu grundieren, sodass man nicht für jedes Einzelstück neue Grundierfarbe ansetzen muss. Rezepturen dazu finden Sie auf Seite 182.
Es gibt verschiedene Arten der Grundierung: Als Kreidegrund bezeichnet man eine wasserempfindliche, meist stark saugende und matt auftrocknende Grundierung. Man kann eine Hautleim-Kreide-Grundierfarbe leicht selbst herstellen oder auch eine handelsübliche, wischfeste weiße Wandfarbe, also eine stark pigmentierte Dispersionsfarbe, unverdünnt als Kreidegrund verarbeiten.
Bei den meisten im Handel angebotenen Grundierungsarten handelt es sich allerdings um sogenannte Halbkreidegründe. Sie sollten wasserunempfindlich und wenig saugend sein sowie mittelglänzend auftrocknen. Auf ihnen können sich die nachfolgenden Farbaufstriche besonders gut verankern.
Um die Saugfähigkeit eines Malgrundes zu reduzieren, wurde dem Kreidegrund früher Leinöl beigemischt. Diese sogenannten Ölgründe werden heute kaum mehr verwendet, da sie im Laufe der Zeit sehr empfindlich und spröde werden. Heute gibt man anstelle des Leinöls eine Alkydharzlösung zu, damit ein kaum gilbender, elastischer und gut haftender Maluntergrund entsteht.

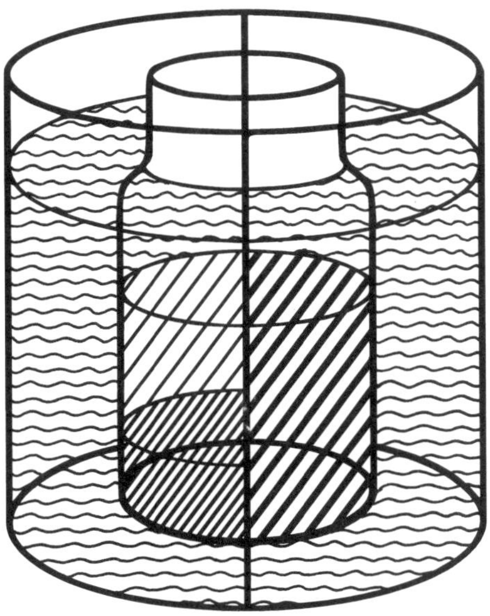

Herstellung einer Leimquellung, die Grundlage für selbst hergestellte Grundierungen ist, vgl. S. 182. Die Schraffur in der linken Glashälfte deutet unten den Leimanteil, oben den Wasseranteil an. Beides wird im Wasserbad erwärmt, wodurch man – in der rechten Glashälfte durchgängig schraffiert – eine Leimquellung erhält.

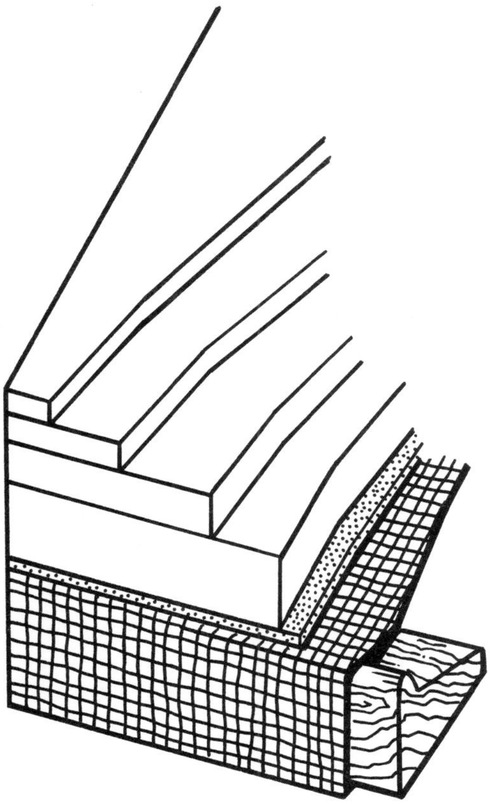

Tipps zum Selbstgrundieren

1

Zuerst wird der Bildträger mit einer Leimquellung immer dünn vorgeleimt! Verwenden Sie dazu bei festen Bildträgern wie Holz und Malpappen, aber auch bei feinen Geweben warmen Hautleim, den Sie mit dem Pinsel auftragen. Erkalteter und dann leicht gallertartiger Leim empfiehlt sich bei weitmaschigen Geweben wie etwa Rupfen. Er wird dann aber dünn „aufgespachtelt". Diese Art der Vorbehandlung ist notwendig, damit später die weiße Grundierfarbe gleichmäßig aufgetragen werden kann.

2

Durch einen Zusatz von Alaun in die Leimquellung trocknet der darauf aufgetragene Kreidegrund wasserfest auf. Das ist vor allem dann wichtig, wenn Sie Ihr Ölbild mit wasserlöslichen Farben untermalen wollen.

3

Im allgemeinen benötigt man anschließend etwa zwei bis sechs dünne Kreidegrundaufträge. Die Kreidegrundierung sollte dabei vor jedem Auftrag einer neuen Schicht mit ein wenig Wasser erneut verdünnt werden, da zum einen in der Zwischenzeit immer etwas Wasser verdunstet, und zum anderen die Grundierschichten nach oben hin dünner werden müssen, denn ...

4

... nur bei Grundierungs- und Leimfarbenaufträgen gilt die Regel „mager auf fett".

Im Gegensatz zu einem Ölbild, das immer fett auf mager aufgebaut werden muss, gilt für eine Grundierung das Umgekehrte: Hier muss jeder Auftrag magerer werden. Sie sehen im Querschnitt den Keilrahmen, auf den die Leinwand aufgespannt wurde. Es folgt eine dünne Leimschicht, dann eine sehr fette Grundierung, auf die weitere, immer magerer werdende Grundierschichten aufgetragen werden.

Grundierungen werden im sogenannten Kreuzgang aufgetragen, wobei man mit jedem Auftrag die Richtung wechselt. Sie sehen dies auf der Abbildung sehr deutlich. In den angegebenen Schlaufenbewegungen arbeitet man einmal von rechts nach links und in der nächsten Schicht von oben nach unten.

Die Ölmalerei – Grundlagen

Farbenlehre
Von der Skizze zum Bild
Techniken

Farbenlehre

Die Beschäftigung mit der Farbtheorie ist für jeden Maler unentbehrliche Grundlage seiner Arbeit und Voraussetzung für einen möglichst freien und kreativen Umgang mit Farbe. Mit dem Wissen um Farben und ihre Eigenschaften lassen sich oft nicht nur technische und formale, sondern auch inhaltliche Probleme schnell lösen.

Der zwölfteilige Farbkreis (nach Johannes Itten) bietet Ihnen einen Überblick über das Farbspektrum und die wichtigsten Farbbeziehungen.

Auch für berühmte Künstler war der Farbkreis ein unverzichtbares Hilfsmittel.

Delacroix z. B. hatte an einer Wand seines Ateliers einen Farbkreis hängen, bei dem er zu jeder Farbe verschiedene Mischungen und Kombinationsmöglichkeiten eintrug.

Und immer wieder haben sich Wissenschaftler wie Künstler mit der Farbtheorie beschäftigt. Philip Otto Runge, Johann Wolfgang von Goethe oder Wilhelm Oswald z. B. entwickelten verschiedene Farbtheorien in Form von Kegeln, Kugeln oder anderen geometrischen Figuren.

Der Farbkreis nach Johannes Itten basiert auf den drei Grundfarben Rot, Blau und Gelb. Dies sind die einzigen Farben, die man nicht aus anderen Farben ermischen kann; umgekehrt aber können alle anderen Farben aus Mischungen von Rot, Blau und Gelb entstehen. Man nennt diese Grundfarben daher auch Primärfarben oder Farben der ersten Ordnung. Für den Maler sind sie die wichtigsten Farben.

Um mit den Farben und ihren Mischmöglichkeiten vertraut zu werden, ist es eine gute Übung, einmal selber einen Farbkreis anzulegen. Im folgenden wird daher sein Aufbau genauer beschrieben.

Als Grundfarben zu empfehlen sind ein Kadmiumgelb, Ultramarinblau und für das Rot eine Mischung aus Kadmiumrot und Alizarinrot.

In einem gleichseitigen Dreieck werden die Farben der ersten Ordnung folgendermaßen eingetragen:

Gelb – oben,
Rot – rechts unten,
Blau – links unten.

Um dieses Dreieck wird ein Kreis geschlagen, aus welchem dann ein Sechseck entwickelt wird. In den dabei neu entstehenden Dreiecken werden die drei Mischfarben eingetragen, die jeweils aus zwei Farben der ersten Ordnung gebildet werden. Diese Farben bezeichnet man als Farben der zweiten Ordnung, oder auch als Sekundärfarben:

Gelb und Rot = Orange,
Gelb und Blau = Grün,
Rot und Blau = Violett.

Die Farben der zweiten Ordnung müssen sehr exakt gemischt werden und es sollte anteilig weder die eine noch die andere Primärfarbe dominieren. Dieses ausgewogene Mischungsverhältnis zu erreichen, ist nicht immer einfach, vor allem beim Ausmischen eines reinen Violetts.

Mit Hilfe eines zweiten Kreises entsteht das äußere Kreisband, das in zwölf gleiche Abschnitte eingeteilt wird. Hier werden an entsprechender Stelle jeweils die Farben der ersten und die Farben zweiten Ordnung eingetragen sowie in der Mitte die jeweilige Mischung, wobei man die Farben der dritten Ordnung erhält:

Gelb und Orange = Gelborange,
Rot und Orange = Rotorange,
Rot und Violett = Rotviolett,
Blau und Violett = Blauviolett,
Blau und Grün = Blaugrün,
Gelb und Grün = Gelbgrün.
Die Reihenfolge der Farben richtet sich dabei nach der Farbabfolge des Regenbogens.

Farben, die sich im Farbkreis gegenüberliegen, verhalten sich komplementär und stehen in einem besonderen Bezug zueinander (vgl. Komplementärkontrast S. 39). Die drei komplementären Farbenpaare sind:
Blau – Orange,
Rot – Grün,
Gelb – Violett.

Der zwölfteilige Farbkreis nach Johannes Itten

Der Farbe-an-sich-Kontrast

Um Farbwirkungen noch besser verstehen zu können, sollen an dieser Stelle einige Begriffe der Farbenlehre erklärt und die wichtigsten Farbkontraste beschrieben werden.

Der Farbe-an-sich-Kontrast

Der Farbe-an-sich-Kontrast nach Itten beschreibt die Wirkung von mindestens drei nebeneinandergesetzten Farben und ist der einfachste und unmittelbarste Farbkontrast, der bei Farben der ersten Ordnung am stärksten ist. Die Wirkung nimmt ab, je mehr man sich von Farben der ersten Ordnung entfernt. Schon bei Farben der zweiten Ordnung ist er abgeschwächt, noch stärker in der dritten Ordnung. Ist eine Farbe mit Weiß aufgehellt oder Schwarz abgedunkelt worden, ist der Farbe-an-sich-Kontrast noch schwächer.

Farbton

Der Begriff Farbton beschreibt die Buntheit einer Farbe, also Blau, Grün oder Gelb. Selten treffen wir auf ganz reine Farbtöne, und in der Vielfalt der verschiedenen Farbtöne ist es schwer, diese sprachlich genau zu bestimmen. Manchmal helfen uns Vergleiche wie Zitronengelb oder Himmelblau dabei, die Richtung im Farbton zu umschreiben. Leider sind auch die Herstellerbezeichnungen von Farben nicht immer einheitlich, sodass sich unter einem Namen je nach Firma unterschiedliche Farbtöne verbergen können. Farbtabellen geben oft mehr Auskunft.

Tonwert

Der Tonwert einer Farbe beschreibt ihre relative Helligkeit oder Dunkelheit. Weiß besitzt die höchste Tonwertstufe, Schwarz die tiefste. Der Tonwert wird insofern als relativ bezeichnet, als er auch durch die Stellung einer Farbe zu ihrer Umgebung mitbestimmt wird. So wirkt z. B. ein Orange neben einem hellen Gelb dunkel, in der Zusammenstellung mit Violett aber hell.
Farben besitzen jedoch auch für sich allein genommen unterschiedliche Helligkeitswerte, die ihre Leuchtkraft beeinflusst. Ein gesättigtes helles Gelb leuchtet sehr stark, ein dunkles verliert an Leuchtkraft. Rot dagegen kann nur als dunkle gesättigte Farbe seine ganze

Mischtabellen

Kadmiumgelb hell | Zinnoberrot hell | Krapplack dunkel | Ultramarin dunkel | Pariserblau | Permanentgrün ▶

Rechts sehen Sie zwei Mischtabellen. In der oberen wurden verschiedene Farben und Farbmischungen mit Weiß aufgehellt. Im unteren Raster wurden immer zwei unterschiedliche Farben in je drei Mengenverhältnissen miteinander gemischt. In der untersten Stufe dominiert die unten angegebene Farbe, in der Mitte sind beide Farben in gleicher Menge miteinander vermischt und oben dominiert im Mischverhältnis die rechts angegebene Farbe.

Leuchtkraft ausstrahlen, ein aufgehelltes Rot in der Tonwertstufe von Gelb verliert an Strahlkraft.

Intensität

Zu berücksichtigen ist weiterhin die Intensität eines Farbtones. Diese ist abhängig von seiner Reinheit bzw. Sättigung. Von reinen, gesättigten Farben spricht man, wenn weder Weiß noch Schwarz enthalten ist, noch ein Komplementärton. Sobald jedoch Weiß oder Schwarz zugemischt wird, erhält man getrübte Farben. Bei der Zugabe von Weiß spricht man von einer Helltrübung, bei Schwarz von einer Dunkeltrübung. Wird eine Farbe mit ihrer Komplementärfarbe gemischt, spricht man von gebrochenen Farbtönen.

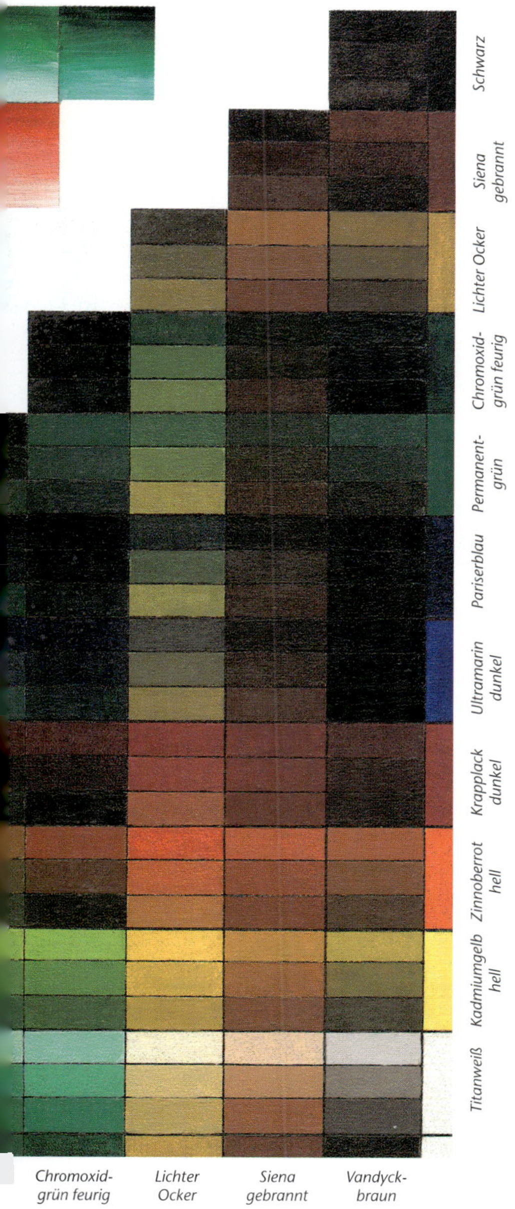

Hell-Dunkel-Kontrast

Wie beim Tonwert bereits angesprochen, gibt es verschiedene Helligkeits- und Dunkelstufen. Die sogenannten Nicht-Farben Schwarz und Weiß sind die Pole des Hellen und Dunklen, zwischen ihnen liegt eine große Skala von Grautönen. Bei den Farben ist Gelb die hellste und Violett die dunkelste Farbe. Der Hell-Dunkel-Kontrast ist einer der wichtigsten Ausdrucksmittel für den Maler. Daher sollte man die Wirkung feiner Tonwertunterschiede genau studieren. Eine besonders gute Schulung zur Unterscheidung nuancierter Hell-Dunkel-Abstufungen ist eine Beschäftigung mit verschiedenen Grautönen. „Neutrales Grau" ist eine charakterlose Nicht-Farbe. Es ergibt sich aus einer Mischung von Schwarz und Weiß, aus einer Mischung der drei Primärfarben und Weiß sowie aus einer Mischung von Komplementärfarben. Grau kann man jedoch zudem in sehr vielen Tonwertstufen ausmischen. Wieviele Tonwertnuancen Sie unterscheiden können, hängt in erster Linie von der Sehfähigkeit Ihrer Augen ab. Und ein wenig Übung gehört auch dazu. Grau ist für sich allein genommen eine, wie Itten sagt, stumme Farbe. Lebendigkeit und Aussagekraft erhält sie erst durch ihre Nachbarfarben.

Hell-Dunkel-Kontrast

Kalt-Warm-Kontrast

Farben werden in ihrer Wirkung unterschiedlich empfunden: Blaue Farbtöne

Kalt-Warm-Kontrast

bzw. Farben mit einem hohen Blauanteil wirken kalt, rote Farben bzw. Farben mit hohem Rotanteil warm. Diese Wahrnehmung hängt mit natürlichen Assoziationen zusammen: Mit der Farbe Blau ist für den Betrachter die Erfahrung Kälte verbunden (Eis, Wasser, Metall etc.), während wir bei roten Farben an Wärme erinnert werden (Sonne, Glut, Feuer etc.). Aber auch andere emotionale Empfindungen sind mit Kalt/Warm verknüpft, wie die folgende Aufzählung nach Itten zeigt:

schattig	– sonnig,
durchsichtig	– undurchsichtig,
beruhigend	– erregend,
dünn	– dicht,
luftig	– erdig,
nah	– fern,
leicht	– schwer,
feucht	– trocken.

Die Farben Gelb, Gelborange, Orange, Rotorange und Rot werden allgemein als warme Farben bezeichnet. Kalte Farben sind: Gelbgrün, Grün, Blau-

In diesem kleinen Stillleben wurde mit dem Komplementärkontrast experimentiert: In den Äpfeln rechts treffen Rot und Grün aufeinander, in der Mitte Blau und Orange, links oben Gelb und Violett sowie in der Maske Schwarz und Weiß.

grün, Blau, Blauviolett und Violett. Blaugrün und Rotorange – als Pole des kalten bzw. warmen Kontrastes – wirken immer kalt bzw. warm. Die Kalt-Warm-Wirkung aller anderen Farben ist relativ, da sie von der farblichen Umgebung abhängig ist. Eine Farbe wirkt im Kontrast zu einer kälteren verhältnismäßig warm und umgekehrt im Kontrast zu einer wärmeren relativ kalt.

Komplementärkontrast

Wenn zwei Farben miteinander vermischt einen neutralen Grauton ergeben, bezeichnen wir sie als komplementäre Farben. Komplementäre Farben sind einander entgegengesetzt, nebeneinanderstehend steigern sie sich daher zu höchster Leuchtkraft. Stets verhält sich nur eine Farbe zu einer anderen komplementär. Im Farbkreis stehen sich diese Komplementärfarbenpaare diametral gegenüber:

Gelb	– Violett,
Gelborange	– Blauviolett,
Orange	– Blau,
Rotorange	– Blaugrün,
Rot	– Grün,
Rotviolett	– Gelbgrün.

Es ist übrigens physiologisch erwiesen, dass das Auge beim Betrachten einer Farbe die komplementäre Ergänzung selbstständig erzeugt. Diese bisher noch nicht eindeutig erklärbare Tatsache tritt in einem Nachbild (auch Simultaneffekt genannt) auf. Ursache dieses Komplementärgesetzes ist das Bestreben des Auges, immer ein harmonisches Gleichgewicht herzustellen.

Farbwirkungen

Nachdem wir bestimmte Eigenschaften von Farben betrachtet haben, sollen an dieser Stelle die wichtigsten Farben nochmals einzeln genauer betrachtet werden.

Gelb „... sei die nächste Farbe am Licht", schrieb schon Goethe. Reines Gelb ist immer hell und von großer Leuchtkraft. Es reagiert allerdings äußerst empfindlich auf seine Nachbarfarben. Zuweilen wirkt es leicht rötlich oder grünlich, und es verliert seinen Lichtcharakter, sobald es mit Grau, Schwarz oder Violett vermischt wird. Neben eine dunkle Farbe gesetzt, wirkt es jedoch im Kontrast noch heller, während es in heller Umgebung an Ausstrahlung verliert.

Rot hat eine intensive Strahlkraft. Es ist lebendig und kraftvoll. Zudem bleibt Rot immer eine warme Farbe. Im Gegensatz zu Gelb gibt es sehr viele Modulationen, die sowohl zu kalt/warm als auch zu hell/dunkel variieren können, ohne dass der Rot-Charakter beeinträchtigt würde.

Blau ist eine kalte, fast passive Farbe. Sie wirkt zurückhaltend, zeigt auch eine gewisse Sanftheit und weist in die Ferne.

Grün ist aus naheliegenden Gründen die Vermittlungsfarbe zwischen Gelb und Blau, aus denen es ja gemischt wird. Neigt sich das Grün zum Gelb hin, bedeutet es frühlingshafte Natur, Fröhlichkeit, Frische und Hoffnung. Tendiert es mehr zu Blau, so entwickelt es eine gewisse Kälte und Aggressivität. Wie auch schon beim Rot ist der Modulationsreichtum jedoch sehr groß.

Orange, im Brennpunkt von Gelb und Rot, besitzt gleichsam sonnenhafte Leuchtkraft und wird darum als besonders energiegeladen angesehen.

Violett, als dunkelste Farbe, ist im mittleren Ton sehr schwer darzustellen. Es tendiert entweder mehr zum Blau- oder aber zum Rot-Violett.

Komplementärkontraste

Von der Skizze zum Bild

ungewöhnliche Oberflächenstruktur, die eine Anziehungskraft auf uns ausübt. Grundsätzlich wird in der Kunstgeschichte u.a. zwischen folgenden Themenbereichen unterschieden, deren Übergänge allerdings fließend sind:

Dieses Stillleben basiert auf vielfältigen Vorarbeiten. Wie man an ein solches Bild herantritt, soll nun im Folgenden Schritt für Schritt gezeigt werden.

Wenn man mit dem Malen beginnen will, fällt es im ersten Moment manchmal schwer, ein geeignetes Bildmotiv zu finden. Lassen Sie sich dann von Ihrer Umgebung inspirieren! Ganz alltägliche Gegenstände oder ein Raum, der Garten, eine Straßenszene, ein Blick in die Landschaft: Überall finden sich Ideen und zahlreiche Anregungen. Aus einer einfachen Obsttüte kann ein ausdrucksvolles Stillleben entstehen. Das struppige Fell eines Hundes im Sonnenlicht kann Sie dazu anregen, sich mit dem Malen von Tieren zu beschäftigen, und ein Spaziergang zur Entdeckung eines Landschaftmotivs führen. Zuweilen ist es nur eine bestimmte Form oder eine

- Landschaft, Seestücke, Himmelsstudien, Architektur (Stadtlandschaft),
- Stillleben, Interieurs (Innenräume),
- Figuren allgemein, Tier und Mensch, Genreszenen, Porträts, Akt, Gruppen.

Für welches Thema Sie sich auch entscheiden, wichtig für die Ausarbeitung jedes Bildes sind zunächst eine gut durchdachte Komposition und ausführliche Vorarbeiten. Welche Vorstudien nötig sind, um sich einem Motiv nach und nach zu nähern, wird daher im Folgenden Schritt für Schritt gezeigt. Wir haben als Beispiel ein „Stillleben mit Äpfeln" gewählt, an dem man die Planung, zeichnerische Vorbereitung

und den kontinuierlichen Aufbau eines Bildes sehr gut nachvollziehen kann. Diese Vorgehensweise kann natürlich auch auf alle anderen Motive in diesem Buch übertragen werden.
Die Arbeit an einem Stillleben beginnt zunächst mit der Auswahl und dem Arrangement der Objekte. Entscheidend für einen spannenden Bildaufbau sind dabei die Formen, die Farben und die Oberflächenstrukturen der Gegenstände. Diese können entweder miteinander harmonieren oder in einem wirkungsvollen Kontrast zueinander stehen. Um dem Stillleben Spannung und Bewegung zu geben, sollte man jedoch grundsätzlich – sei es nun in den Formen, Farben oder Oberflächen – einige Akzente setzen. Bei einem zu gleichmäßigen Arrangement kann das Motiv schnell langweilig wirken.
Legen Sie dann den Ort für den Aufbau ihres Stilllebens fest. Dabei ist es wichtig, die Lichtführung genau zu beachten. Entscheiden Sie sich für die Arbeit mit natürlichem Licht, muss je nach Tageszeit und Wetter mit Veränderungen der Schatten gerechnet werden. Dieses Problem stellt sich natürlich auch in der Landschaftsmalerei, wenn Sonne und Wolken wandern.
Bei künstlichem Licht können Sie die Ausrichtung der Lichtquelle natürlich selbst bestimmen. Bedenken Sie dabei, dass das Licht die Wirkung eines Bildes immer ganz entscheidend mitbestimmt. Einige Beleuchtungsexperimente, in denen Sie die jeweilige Licht- und Schattenverteilung auf den Gegenständen studieren können, lohnen sich daher.

1. Bildformate festlegen

Nach dem Aufbau des Motivs muss man sich mit dem Bildformat auseinandersetzen, das größten Einfluss auf die Komposition hat. Soll es ein rundes, ein ovales, ein Hoch- oder Querformat sein? Legen Sie sich im Zweifelsfall nicht gleich fest, sondern probieren Sie in kleinen Studien verschiedene Formate aus. Lassen Sie sich Zeit, ihr Motiv

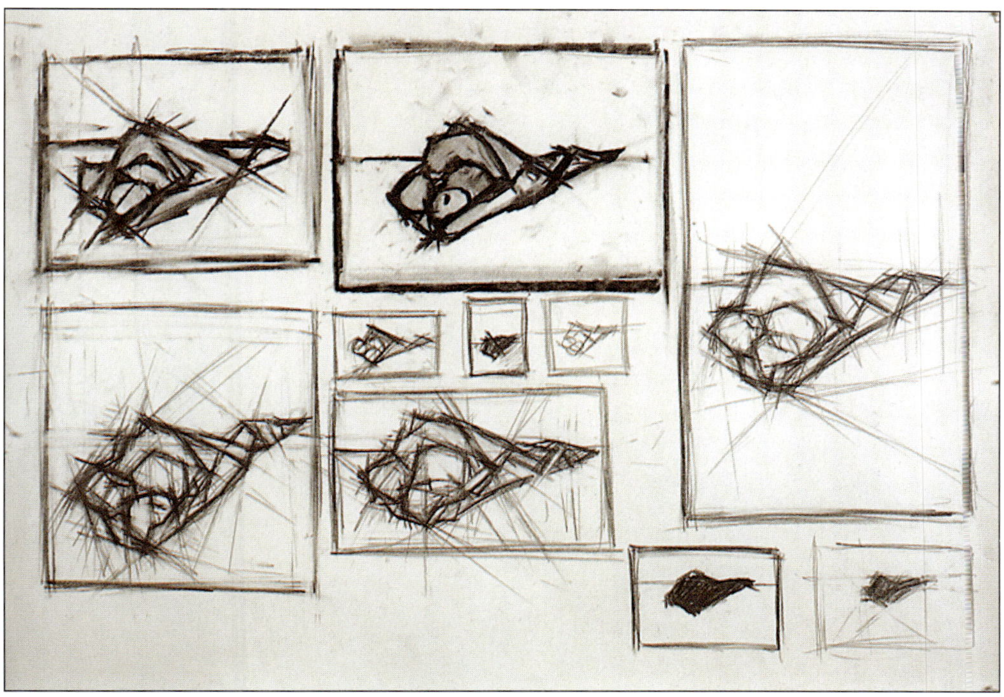

Auf einfachem Papier wurden in den verschiedensten Formaten Kohleskizzen angefertigt. Die eingetragenen Kompositionslinien wurden dabei häufig bis zum Rand verlängert, um sich das Verhältnis zwischen Motiv und Bildraum zu verdeutlichen.

genau zu beobachten, stellen Sie die Gegenstände so lange um, bis sie mit der Anordnung wirklich zufrieden sind, ändern Sie die Perspektive und betrachten Sie es von unterschiedlichen Standpunkten aus. Versuchen Sie dabei das Format zu finden, durch das sich eine besonders spannende Komposition ergibt. Wenn Sie sich nach dieser Phase des Ausprobierens für ein Format entschieden haben, sollten Sie verschiedene größere Skizzen zeichnen, in denen Sie unterschiedliche Aspekte Ihres Motivs studieren. Diese Skizzen sind sehr wichtig, denn in der genauen Beobachtung, die ihnen zugrundeliegt, lernen Sie die Gegenstände unter dem Blickwinkel des Zeichnens neu zu sehen.

2. Erste Kompositionsskizze

Eine erste große Skizze auf Zeichenpapier setzt sich zunächst mit dem Kompositionsgerüst im Verhältnis zum geplanten Format auseinander. Das Papier sollte dabei etwas größer sein als das geplante Bild, damit Spielraum für Veränderungen vorhanden ist. Bedenken Sie beim Anlegen der Skizze, dass auch sie noch zur Phase des Experimentierens gehört. In einer Skizze sollten Sie die Ideen, Eindrücke und Vorstellungen, die Sie von dem Motiv haben, spielerisch ausprobieren. Eine genaue zeichnerische Ausarbeitung ist in diesem Schritt noch völlig unwichtig. Mit einem weichen Bleistift oder Holzkohle wird zunächst ein Rahmen gezogen, der das geplante Format umreißt. Setzen Sie dann mit leichten Strichen die wesentlichen Linien der Senkrechten, Waagerechten und Schrägen Ihres Motivs ein. Vesuchen Sie dabei vor allem, die für Ihr Bild wesentlichen Konstruktionslinien herauszuarbeiten.

Nachdem man sich für ein Format entschieden hat, wird in diesem nochmals eine Kompositionsskizze angefertigt, in die die Senkrechten, Waagerechten und Schrägen des Motivs eingetragen werden.

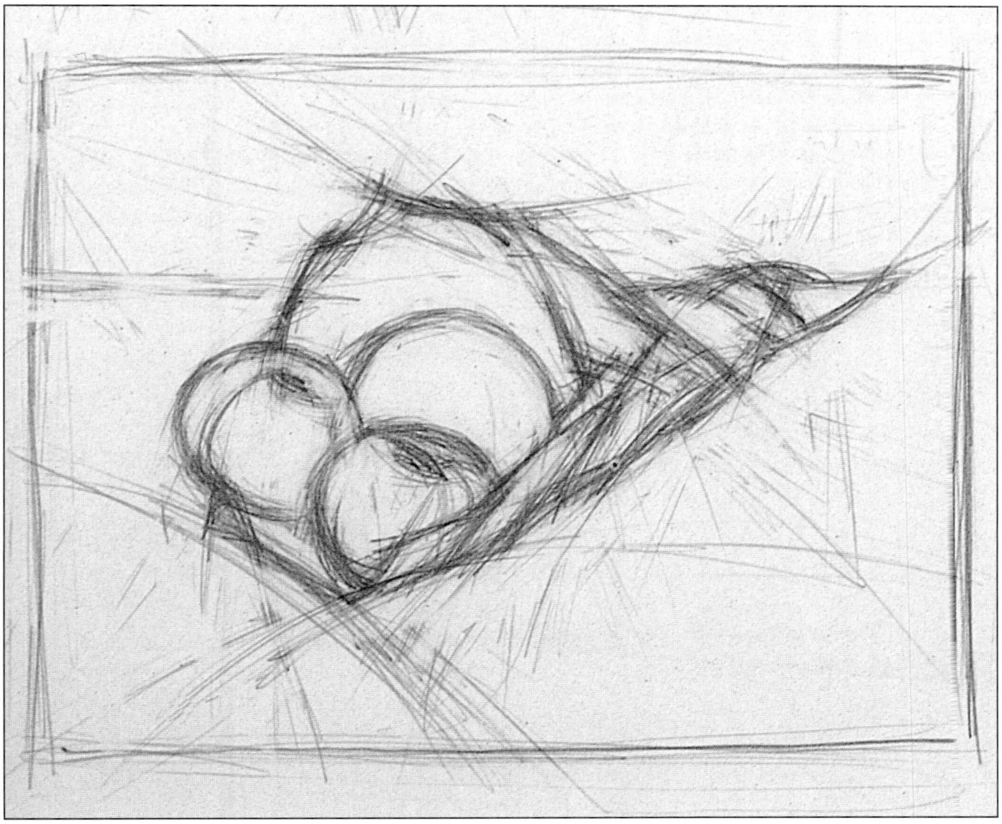

Eine zweite Kompositionsskizze beschäftigt sich mit den Rundungen der Gegenstände.

3. Zweite Kompositionsskizze
Eine zweite größere Bleistift- oder Kohleskizze beschäftigt sich dann mit den Rundungen und Kurven Ihres Motivs und ihrem Verhältnis zueinander. Bleiben Sie während des Skizzierens offen für Veränderungen. Noch können Sie das Format, das Arrangement der Gegenstände verändern, bis sie ein spannendes Kompositionsgerüst und eine lebendige Struktur erhalten, die Ihren Vorstellungen wirklich entspricht und die sie dann dem späteren Ölbild zugrunde legen können.

4. Lineare Zeichnung
Fertigen Sie nach diesem intensiven Studium Ihres Motivs nun eine große, rein lineare Zeichnung auf der Grundlage aller wesentlichen Richtungen und Linienzüge auf einem neuen Blatt Zeichenpapier an. Eine solche Zeichnung erlaubt es, die Formen noch einmal klar zu umreißen und festzulegen.

5. Skizze zur Hell-Dunkel-Verteilung
Nach dieser linearen Zeichnung sollte man eine erste tonige Zeichenstudie anfertigen. Wählen Sie dafür ein weiches Zeichenmaterial wie weiche Kreiden oder Kohle. In dieser Studie geht es darum, die Hell-Dunkel-Flächen Ihres Motivs zu beobachten. Sie sollten dabei spontan arbeiten und das Hell-Dunkel-Gefüge gewissermaßen „vom Fleck" her aufbauen! Tragen Sie also immer nur kleinere helle und dunkle Flächen und Flecken ein, mit deren Hilfe Sie sich Ihrem Motiv langsam nähern. Betrachten Sie Ihr Stillleben mit leicht zusammengekniffenen Augen, so verschwimmen die eigentlichen Gegenstände, und die Hell-Dunkel-Stellen treten deutli-

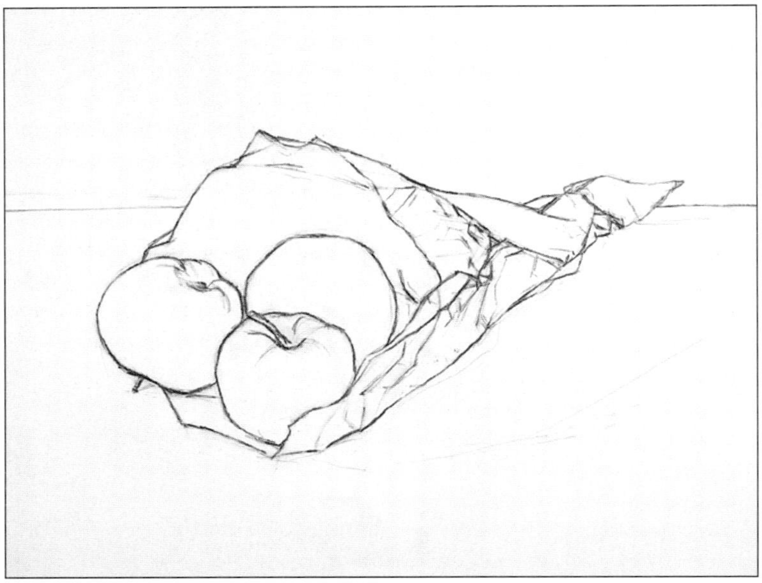

Aufgrund der Ergebnisse der vorherigen Skizzen kann nun eine klare lineare Zeichnung angefertigt werden. Sie wird später als genaue Vorlage für das Ölbild dienen.

cher hervor. Die Arbeit mit einem weichem Knetradiergummi zum Korrigieren ist hier übrigens sehr hilfreich! Verzichten Sie auch auf die Wiedergabe von Konturen. Diese Art des malerischen Zeichnens legt sein Augenmerk hauptsächlich auf die Flächenverteilung der Formen im Bild. Versuchen Sie zunächst einmal nur die sogenannten Grundformen Ihres Motivs – Kreis, Quadrat, Dreieck – auf die sich jeder Gegenstand reduzieren lässt – herauszuarbeiten. Achten Sie zudem auf die Spannung zwischen positiven Flächen (Flächen der Gegenstände selbst) und negativen Flächen (Flächen zwischen den Gegenständen des Motivs).

6. Gemalte Skizze

Komposition und Format ihres Motivs stehen nun fest, eine Vorstellung über die Hell-Dunkel-Verteilung besteht. Daher kann nach den zeichnerischen Studien des Motivs nun der Schritt zur gemalten Skizze erfolgen. Beginnen Sie dabei zunächst mit einer tonigen, eben-

Mit Kohle (es könnte auch ein Bleistift, Pastellkreide o. ä. verwendet werden) wird hier die Hell-Dunkel-Verteilung im Bild studiert. Diese ist sehr wichtig, da erst die Wiedergabe von Licht und Schatten einem Motiv Plastizität verleiht.

falls noch flächigen Malerei auf der Grundlage der Hell-Dunkel-Skizzen. Verwenden Sie dazu einen festeren Bildträger, z. B. einen Karton oder auch eine billige Malpappe. Für diese erste malerische Studie sind schnell trocknende Farben wie Tempera-, eine magere Gouache- oder Acrylfarbe am besten geeignet. Sie sollten nur mit einigen wenigen Farben arbeiten (man spricht in einem solchen Fall auch von Farbeinschränkung), da es ja noch nicht darum geht, das Motiv farbig zu gestalten, sondern lediglich darum, sich die Hell-Dunkel-Verteilung zu verdeutlichen. Zum Einsatz kommen hier z. B. dunkle Ockertöne, Umbra oder Terra di Siena sowie Weiß und Schwarz. Einfacher wird die Arbeit, wenn man die ermischten Farbtöne, die man in der Studie einsetzen will, als Mischreihe am Rand des Bild auftupft. Dann beginnt man, das Motiv noch sehr frei zu malen. In kurzen Pinselstrichen, die man in einem Winkel von ca. 45° abwechselnd von links nach rechts aufsetzt, löst man sich dabei nun schon etwas von dem statischen Fleckengerüst der gezeichneten Hell-Dunkel-Skizze und führt die einzelnen Flächen zusammen. Das Motiv gewinnt so langsam an Tiefe und Räumlichkeit.

Als letzte Vorstudie wird eine gemalte Skizze angefertigt, um die Hell-Dunkel-Werte nun auch farbig herauszuarbeiten.

7. Das Apfelstillleben in Öl

Nach all diesen notwendigen und sehr wichtigen Vorstudien, in denen man sich in sein Motiv quasi „hineingelebt“ hat und sich über alle wichtigen Punkte wie Arrangement, Format, Komposition und Hell-Dunkel-Verteilung klar geworden ist, kann man nun mit einer Ausarbeitung des Bildes in Öl beginnen. Bildaufbau, Techniken und Vorgehensweisen der Ölmalerei werden im folgenden Kapitel noch ausführlich beschrieben werden. Dennoch wollen wir Ihnen hier kurz zeigen, wie unser Apfel-Stillleben sich in Öl weiter entwickelt hat.

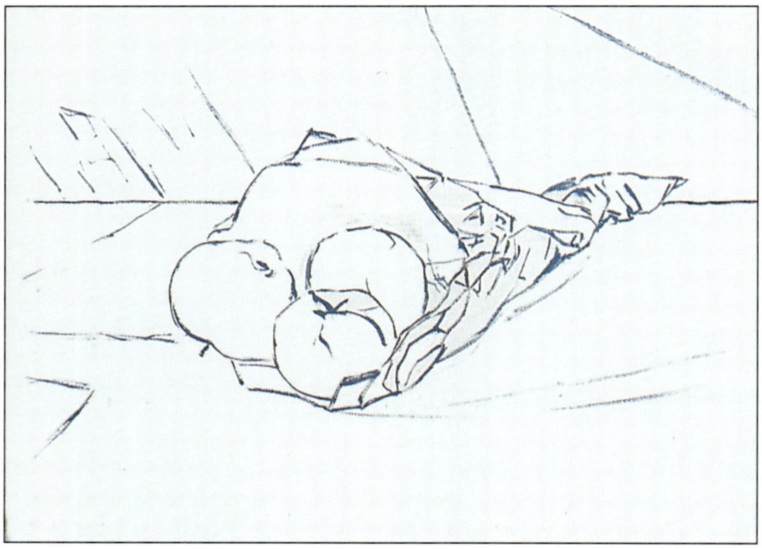

Zunächst wird auf die grundierte Leinwand eine Aufzeichnung dünn mit graublauer Acrylfarbe gezeichnet (es könnte auch eine Temperafarbe verwendet werden). Als Vorlage dienen die früheren Kompositionsskizzen. Das Ölbild wird bei natürlichem Licht gemalt, und zu Beginn der Arbeit ergibt das stark einfallende Sonnenlicht zufällig eine spannende Hell-Dunkel-Struktur, die sofort in einigen wenigen Linien festgehalten wird.

In lockeren Pinselstrichen und stark mit Malmittel verdünnter Ölfarbe werden nun erste Lokalfarben der Gegenstände eingetragen. Es wird rasch gearbeitet, um den kurzen Lichteffekt auch farbig festzuhalten.
Der erste Farbauftrag ist noch sehr frei und offen gehalten. Die Aufzeichnung schimmert durch und bietet ein gutes Hilfsgerüst.

Tipp: *Falls Sie eine Sofortbildkamera zur Hand haben, können Sie zufällige Lichteffekte für die weitere Arbeit auch in einem Foto festhalten. Man kann aber auch die Uhrzeit notieren, um gegebenenfalls am nächsten Tag dieselben Lichtverhältnisse nochmals studieren zu können.*

Im nächsten Schritt werden die Farbigkeit der Gegenstände sowie die Hell-Dunkel-Werte langsam detaillierter ausgearbeitet und vertieft. Die Schatten werden verstärkt, was besonders gut an der Papiertüte zu erkennen ist, und das Motiv erhält nach und nach mehr Plastizität.

Das fertige, nochmals überarbeitete Bild lebt von dem spannenden asymmetrischen Flächenaufbau, der durch das Sonnenlicht entstanden ist.

Das Rot und Grün der Äpfel steht in einem wirkungsvollen Komplementärkontrast zueinander, und die glatte Oberflächenstruktur der Äpfel setzt sich von der zerknitterten Tüte ab.

Voller Bewegung ist der mit deutlichen Pinselspuren und mehreren Farben gestaltete Hintergrund. Die enthaltenen warmen Rottöne greifen harmonisch die Farben von Tüte und Äpfeln auf.

Techniken der Ölmalerei

Aufbau des Stilllebens im Atelier

Die Ölmalerei kennt viele verschiedene Techniken, die wir Ihnen auf den nächsten Seiten anhand eines weiteren Stilllebens vorstellen wollen. Sie werden dabei feststellen, wie unterschiedlich ein und dasselbe Motiv je nach Vorgehensweise wirken kann. Eine Grundregel sei jedoch vorweg festgehalten: **„fett auf mager“.**

Die Farbschichten eines Ölbilds müssen immer gemäß dieser Regel aufgebaut werden. Die unteren Farbschichten werden also stark mit Mal- oder Lösemitteln verdünnt. Mit jeder Farbschicht sollte dann weniger verdünnt werden. Dies ist wichtig, da magere Farben schneller trocknen als fette. Würde man umgekehrt mager auf fett arbeiten, so wäre die obere Farbschicht bereits getrocknet, während sich die untere Schicht beim Trocknen noch weiter zusammenzieht. Dadurch kommt es zu Sprungbildungen in den oberen Farbschichten, die sogar ganz abblättern können.

Genaue Vorstudien sind sehr wichtig. Diese Positiv-Negativ-Studie, in der das Motiv nur in seinen Umrissen als schwarze Fläche eingetragen wurde, soll zeigen, wie das Stilleben im Format steht.

Die Vorstudie

Auch für dieses Stillleben wurden zahlreiche Vorstudien und Skizzen angefertigt. Zwei dieser Vorstudien auf grundiertem Malkarton sehen Sie links. Sie dienten zur Verdeutlichung der Hell-Dunkel-Struktur des Motivs sowie des Kompositionsaufbaus.

Ähnlich wie beim Apfelstillleben wurde diese Ölskizze zur Festlegung der Hell-Dunkel-Werte angefertigt. Sie wurde jedoch sehr viel schneller und einfacher gemalt.

Den Malgrund tönen

Grundsätzlich können Sie entweder auf einem weißen oder einem farbigen Grund arbeiten. Die Impressionisten bevorzugten das Weiß der Leinwand, da es das Licht durch die Farben hindurch reflektiert und diese daher in ihrer Leuchtkraft steigert. Auf Anfänger aber wirkt eine rein weiße Leinwand

häufig abschreckend und hemmend. Zudem erscheint jede Farbe im Kontrast zu Weiß als sehr dunkel, und so passiert es schnell, dass man beim Malen insgesamt viel zu helle Farbtöne verwendet. Es gibt verschiedene Möglichkeiten, den Malgrund zu tönen: So kann man z. B. eine farbige Grundierung anlegen. Selbst hergestellten Grundierungen gibt man in diesem Fall einige Pigmente zu, fertig gekauften einen Schuss verdünnte Acrylfarbe. Sie können aber auch eine bereits fertig grundierte weiße Leinwand mit stark verdünnter Ölfarbe, wasserverdünnter Acryl- oder auch Aquarellfarbe einfach färben. Übertragen Sie zunächst die Vorzeichnung auf die weiße Leinwand und färben Sie sie dann, spricht man von einer Imprimitur. Diese hat den Vorteil, dass sie die Aufzeichnung versiegeln kann.
Rein theoretisch kann man die Leinwand in jeder beliebigen Farbe tönen. Dabei sollte jedoch bedacht werden, dass die gewählte Farbe als unterste Farbschicht weitere Farbaufträge in ihrer Wirkung beeinflusst. Am häufigsten setzt man daher gedämpfte, neutrale Farben ein, die einen mittleren Tonwert vorgeben, so z. B. Braun-, Ocker- oder Blaugrautöne. Von ihnen ausgehend kann man dann sowohl zum Hellen als auch zum Dunklen hin weiterarbeiten. Manche Künstler wählen auch bewusst eine Farbe, die im Kontrast zur Hauptfarbe des Motivs steht (z. B. einen Rotton unter einer grünen Landschaft), während andere ein harmonisches Zusammenspiel bevorzugen (z. B. einen Blauton unter einer Himmelsstudie).

Die Aufzeichnung

Vor dem Malen sollte man eine Aufzeichnung anfertigen. Aufzeichnung nennt man eine ausgearbeitete Vor-

*Mit Hilfe vieler Studien und einer linearen Vorzeichnung kann nun eine sehr klare **Aufzeichnung** mit Kohle ausgearbeitet werden.*

Überschüssiger Kohlenstaub, der die späteren Malschichten verwischen und eintrüben kann, wird mit einem Handfeger sorgfältig entfernt.

zeichnung, die man als Vorlage für das Bild gewählt hat, und die nun vom Skizzenpapier auf die Leinwand übertragen wurde. Je nach Komplexität des Motivs wird sie genauer sein oder nur aus wenigen Strichen bestehen. Grundsätzlich sollte sie jedoch möglichst einfach gehalten werden, denn es geht in ihr nur darum, die Komposition auf der Leinwand zu fixieren. Als Zeichenmaterial eignen sich Kohlestifte, Tempera-, Acryl-, oder Aquarellfarben. Blei-, Bunt-, Filzstifte und Tuschen sollten nicht verwendet werden, da sie durch spätere Ölschichten durchwachsen können. Wenn Sie mit einem staubigen Material arbeiten – in unserem Bild z. B. Kohle – muss der überschüssige Staub zum Schluss mit einem Handfeger entfernt werden, damit er die nachfolgenden Farbschichten nicht verschmutzt. Vorsicht: Wollen Sie eine Imprimitur anlegen, dürfen Sie mit solchen Materialien nicht aufzeichnen, da sie völlig verwischt werden. In einem solchen Fall sollte man besser Acryl- oder Temperafarben verwenden.

Die Untermalung

Nach der Aufzeichnung wird in mehreren Schritten die sogenannte Untermalung ausgearbeitet. Mit Hilfe der Untermalung werden zunächst einmal – meist noch monochrom (einfarbig) oder in einer stark eingeschränkten Farbpalette (z. B. nur mit Weiß und einigen Erdfarben) – die Hell-Dunkel-Werte des Motivs herausgearbeitet. Die verwendeten Farben sind zu Anfang noch sehr stark verdünnt, und die Aufzeichnung schimmert noch durch. Man spricht hier auch von einer Untertuschung, da die Farben „dünn wie Tusche" aufgetragen werden. In einem zweiten Schritt werden dann die Hell-Dunkel-Werte mit Hilfe von Schraffuren vertieft, wobei

*Noch sehr flächig und mit nur wenigen Temperafarben – Weiß und Umbra – wird im ersten Schritt der **Untermalung** die Hell-Dunkel-Struktur des Motivs aufgebaut.*

*Durch Schraffuren wird die Hell-Dunkel-Struktur verstärkt – eine klassische Vorgehensweise in der **Untermalung**. Mit weißer Temperafarbe werden die Höhen herausgearbeitet, mit einer Umbra die Tiefen. Das Motiv gewinnt so erste Plastizität.*

Mit einer noch immer stark eingeschränkten Farbpalette gewinnt das Bild nun in lasierenden und halbdeckenden Temperaaufträgen in der ***Untermalung*** *erste Farbigkeit: Neu eingesetzt werden Goldocker und Chromoxidgrün feurig.*

Die Farbigkeit wird nun weiter verstärkt (Rot- und Blautöne kommen hinzu), bleibt aber in der ***Untermalung*** *dennoch blasser als bei den folgenden Ölfarbschichten.*

zugleich auch schon die Plastizität des Motivs modelliert wird. Man arbeitet in diesem Schritt also bereits räumlich. Dann werden nach und nach, jedoch immer noch mit eingeschränkter Farbpalette, erste dünne Farbschichten angelegt. Diese Farbigkeit wird noch etwas vertieft, bleibt aber noch blass und heller als in der endgültigen Fassung. Die Untermalung wird klassischerweise in Tempera- oder Acrylfarben ausgeführt, denn diese haben den großen Vorteil, dass man zügig arbeiten kann, ohne immer auf das lange Trocknen der Ölfarben warten zu müssen. Aber auch Aquarellfarben wären denkbar. Wichtig ist, dass das eingesetzte Material terpentinunlöslich ist und nicht von späteren Ölfarbschichten angegriffen werden kann. In unserem Beispiel wurde mit einer Temperafarbe gearbeitet.
Zusammenfassend kann man sagen, dass eine Untermalung dazu dient, alle wesentlichen Formen und Farben des Motivs relativ schnell ausarbeiten zu können – schneller als dies in Öl möglich wäre – und das Bild soweit wie möglich für die Ölmalerei vorzubereiten. Ähnlich wie beim Tönen des Malgrundes werden meist neutrale Töne eingesetzt, die einen mittleren Tonwert vorgeben. Obwohl auch umgekehrt denkbar, bevorzugt man kühle Farbtöne, die dann die wärmeren Töne späterer Schichten komplementieren.

Der Abschluss in Öl

Nach der Untermalung können Sie in zwei verschiedenen Techniken weiterarbeiten: In der Lasurtechnik werden die Feinheiten des Bildes mit verschiedenen transparenten Öllasuren modelliert, in der Schichtenmalerei wird es aus deckenden Farbschichten aufgebaut. Mit jeder Farbschicht steigert sich die

*Nun wurde das Bild mit der ersten Ölfarbschicht überarbeitet. Deutlich sieht man die fließenderen Übergänge und verfeinerten Oberflächen. Das Bild gewinnt durch die **Öllasuren** an Räumlichkeit und Tiefe.*

Mit der letzten ***Öllasur*** *werden feine Details und Strukturen noch genauer herausgearbeitet. In seiner endgültigen Fassung wirkt das Motiv fast schon fotorealistisch.*

Farbigkeit des Bildes. Aber Vorsicht: Vor jeder neuen Schicht muss die vorherige völlig durchgetrocknet sein. Gegenüber den Tempera- oder Acrylfarben, die für die Untermalung verwendet werden, hat Ölfarbe den Vorteil, geschmeidiger zu sein, so dass man feiner und genauer malen kann. Ölfarben bleiben länger feucht und können daher auch länger bearbeitet werden. Sie können fein vermalt, mit den Fingern verrieben oder mit dem Pinsel vertrieben werden. Im ersten Beispiel wird das Bild in der Lasurmalerei ausgearbeitet. Anschließend wird dasselbe Motiv in der Schichtenmalerei ausgeführt und eine andere Variante der Untermalung vorgestellt.

Lasurmalerei

In der Lasurmalerei werden in mehreren Arbeitsgängen verschiedene dünne lasierende – d. h. transparente – und halbdeckende Farbschichten (fett auf mager) übereinandergesetzt. Es gibt Pigmente, die in ihrem Farbauftrag von Natur aus lasierend oder halbdeckend sind, und andere, die für Lasuren nicht geeignet sind. Beachten Sie dazu die jeweiligen Hinweise auf der Farbtube. Angeboten werden auch ganz spezielle Öl-Lasur-Farben, die transparent aufgemalt werden können. Aber Vorsicht: Eine Lasurfarbe darf auch nicht zu mager sein, da sie sonst „bricht“ bzw. „abreißt“. Testen Sie im Zweifelsfall den Farbauftrag vor dem Malen auf einem Malkarton. Aufgrund der Transparenz von Lasurfarben schimmert jede Farbschicht durch darübergelegte Farbaufträge hindurch und beeinflusst so die Farbgebung mit. Zugleich fällt das Licht durch die durchsichtigen Schichten, wird reflektiert und gebrochen. Mit Hilfe von Lasuren können so in vielen einzelnen Schichten besonders leuchtende, kräftige Farbtöne aufgebaut werden, wie sie in keiner anderen Technik zu erreichen sind. Sie können gleichzeitig aber auch zum Mischen von Farben verwendet werden. So ergibt z. B. eine orange Lasur über eine blaue Farbe gesetzt einen ganz leicht grün schimmernden Grauton. Im Aufbau dieser Farbschichten wird grundsätzlich nass auf trocken gearbeitet, d. h. jede Schicht muss ganz getrocknet sein, bevor eine neue aufgetragen werden kann.

Schichtenmalerei

Die Schichtenmalerei ähnelt ein wenig der Lasurmalerei, es wird jedoch nicht mehr mit lasierenden, sondern mit dünnen und deckenden Fabschichten gearbeitet. Die unteren Bildschichten wirken nur noch dort in der Farbigkeit mit, wo sie stehen gelassen, also nicht übermalt wurden. Bei deckenden Farbschichten hat man den Vorteil, ein Motiv fast unzählige Male überarbeiten, korrigieren und verändern zu können. Auch im Bildaufbau ähnelt die Schichtenmalerei der Lasurtechnik. Auf die Aufzeichnung folgt die Untermalung und darauf der Auftrag von Ölfarbschichten. Um zu zeigen, wie unterschiedlich man dennoch an ein Bild herantreten kann, wurde in unserem Beispiel nun eine ganz andere Vorgehensweise gewählt. So wurde die Aufzeichnung direkt mit Acrylfarbe auf die Leinwand gesetzt, also nicht erst von

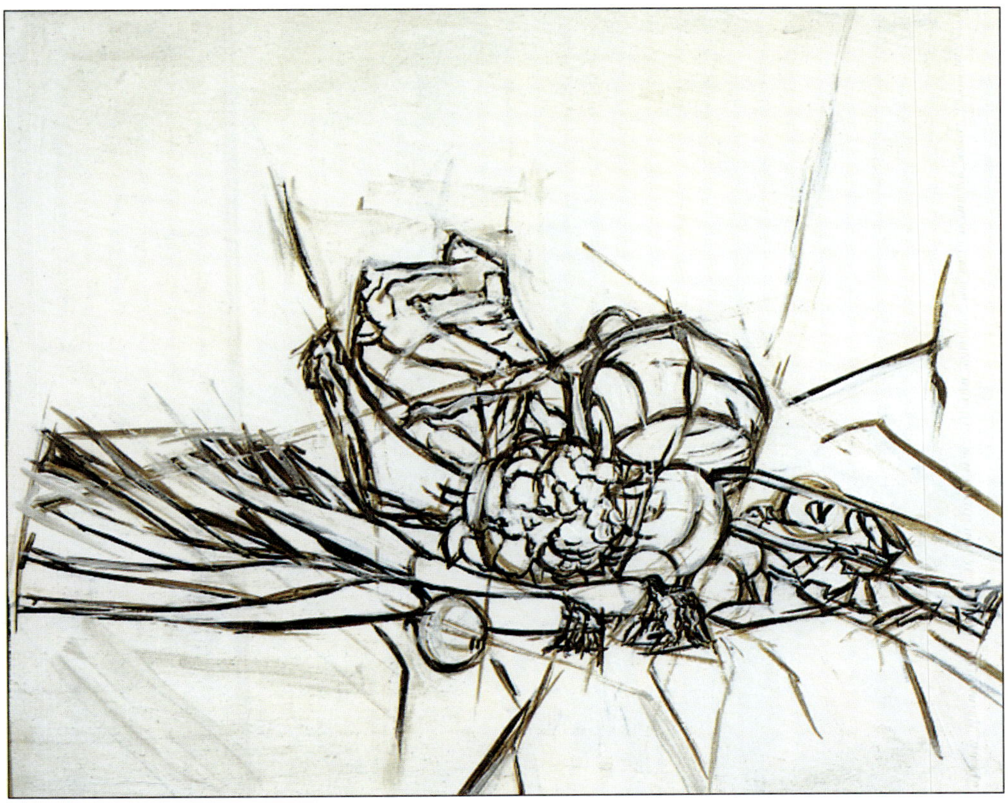

*Auf hellgrundiertem Ölmalpapier wird mit einem Rundpinsel und wässriger dunkler Umbra-Acrylfarbe eine direkte **Aufzeichnung** gemalt. Dabei wurde mit Weiß immer wieder korrigiert.*

einer Vorzeichnung übertragen. Sie ist daher etwas genauer ausgeführt, und auch wesentliche Kompositionslinien wurden hier bereits eingetragen. Bei einer solchen direkten Aufzeichnung darf man übrigens ruhig mehrere Striche neben- und übereinandersetzen und ungeniert mit weißer Farbe korrigieren, bis man die richtige Form gefunden hat. Für die darauffolgende Untermalung wurden ebenfalls Acrylfarben verwendet. Erst zum Abschluss folgten einige Schichten Ölfarbe. Obwohl sich beide Techniken sehr ähneln, ist die Gesamtwirkung der beiden Bilder zum Schluss eine andere. In der Schichtenmalerei wirkt das Bild insgesamt etwas flächiger und plakativer, während man in Lasuren eine noch größere Räumlichkeit und Feinheit in den Details erhält. Die Trennung zwischen beiden Techniken ist allerdings etwas willkürlich und darf nicht zu streng bewertet werden. In der Praxis ist ein Bild selten ausschließlich deckend oder lasierend aufgebaut. Häufig erhalten Bilder in Schichtentechnik durch Lasuren ihren letzten Schliff und Bilder in Lasurtechnik durch deckende Farbaufträge Glanz- und Lichtpunkte. Es gibt grundsätzlich viele Möglichkeiten, die beiden Techniken miteinander zu kombinieren, denen Sie offen gegenüberstehen sollten.

Alla Prima

In der Alla-Prima-Malerei wird häufig auf eine Untermalung verzichtet und die Ölfarbe direkt auf die Leinwand aufgetragen. Der Begriff „alla prima" entwickelte sich aus der italienischen Redewendung „prima vista", „auf den ersten Blick". Ein Bild in Alla-Prima-Technik wird meist ohne Unterbrechung in nur einer Arbeitssitzung fertiggestellt.

Temperamalerei

Temperafarben sind Farben, die in ihrer Wirkung zwischen deckenden Wasserfarben und den Ölfarben stehen, da sie sowohl wässrige als auch ölige Bindemittel enthalten. Ausschlaggebend ist, dass sie nach dem Farbauftrag wasser- und terpentinunlöslich auftrocknen und daher gut für eine Untermalung in einem Ölbild eingesetzt werden können. Es gibt sehr viele unterschiedliche Temperaarten, je nachdem, welche Bestandteile zu ihrer Herstellung verwendet werden. Am gebräuchlichsten ist für eine Untermalung in der Ölmalerei die magere Eitempera. Bei der Eitempera wirkt das Ei als Emulgator, welches in der Lage ist, wässrige und ölige Anteile zu einer Emulsion zu verbinden. Rezepte zum Selberherstellen finden Sie auf den Seiten 183–184.

Acrylmalerei

Auch die Acrylfarbe gehört im Prinzip zur Gruppe der Temperafarben, sie ist zwar wasserverdünnbar, aber nach dem Auftrocknen ebenfalls wasser- und terpentinunlöslich. Bei den Acrylfarben ist das Bindemittel eine Kunststoffdispersion, die aus in Wasser gelösten feinen Acrylharzpartikeln hergestellt wird. Acrylfarben haften praktisch auf jedem Untergrund, wenn er fettfrei und sauber ist. Ihre Farbschichten sind elastisch und hart und sehr alterungsbeständig. Dank dieser elastischen Eigenschaften sind Acrylfarben auch in beliebiger Schichtdicke verstreichbar: dick-pastos, deckend, aquarellartig und sogar lasierend. Selbst dicke Aufträge trocknen relativ schnell durch und können in kurzer Zeit überarbeitet werden.

Sie erhalten verschiedene Qualitäten von Acrylfarben: Acrylkünstlerfarben sind qualitativ sehr hochwertige Farben und eignen sich für jede Art des Farbauftrags. Studioacrylfarben sind mehr für dekorative Arbeiten gedacht und eignen sich weniger für einen pastosen Farbauftrag, sind allerdings auch preiswerter.

*Mit deckenden Acyrlfarbschichten erhält das Motiv in der **Untermalung** erste Farbigkeit. Die Pinselspuren sind noch stark strukturiert und deutlich sichtbar.*

*Da deckende Schichten gemalt werden, kann das Bild viele Male überarbeitet und korrigiert werden. Hier ist das Stillleben mit ersten **Ölfarbschichten** genauer modelliert worden.*

*Die Farbe ist in weiteren deckenden Ölfarbaufträgen vertrieben und feiner vermalt worden. Deutlich erkennt man die glatteren Oberflächen. Im Vergleich zur Lasurtechnik wirkt das in der **Schichtentechnik** gemalte Bild flächiger.*

Nass in nass werden bei dieser ***Alla-Prima-Malerei*** *die Ölfarben noch dünn und aquarellartig zügig auf die Leinwand gesetzt. Es überwiegen die Grüntöne, die Rottöne werden nur punktweise zur Markierung von Zwiebel und Tomate angedeutet.*

Mit wenigen Blautönen und schnellen kurzen Pinselstrichen werden erste Faltenwürfe im Hintergrund angelegt. Zugleich wird mit Weiß „gegen" das Motiv gearbeitet, d. h. die Formen werden von außen eingegrenzt.

Strukturen und Farbigkeit werden weiter verdichtet, ein Grünton kommt hinzu.

Als Erstes arbeiteten die Impressionisten in dieser freien spontanen Technik. Sie schätzten ihre Unmittelbarkeit, die es erlaubt, auch flüchtige Eindrücke einzufangen. Die Aufzeichnung ist häufig nur skizzenhaft und flüchtig, oder aber, wenn für das anschließende schnelle Malen ein gutes Hilfsgerüst aufgebaut werden soll, besonders genau ausgeführt. Gearbeitet wird nass in nass, d. h. die Farben werden neben- und ineinandergesetzt, während sie noch feucht sind. Da sie sich dabei immer ein wenig vermischen, fließen Farben und Formen ohne harte Ränder weich ineinander. Zugleich aber wird keine Farbe bewusst vermalt oder vertrieben, sondern die Farben werden auf der Palette gemischt und in Farbflecken nebeneinander auf die Leinwand gesetzt, man arbeitet sein Motiv quasi „vom Fleck her" aus. Dies erfordert ein wenig Sicherheit, und jeder Auftrag sollte gut überlegt sein, da diese Farbflecken mehr oder weniger unverändert stehen bleiben. Nach der Ausarbeitung des Motivs werden abschließend pastos Lichter aufgetragen. Dies sollte möglichst leicht und ohne Druck erfolgen, damit sich die hellen Stellen nicht mit anderen Farben mischen und eingetrübt werden.

Das Motiv wird sehr schnell und sehr offen gemalt. Auf die genaue Wiedergabe von Details wird bewusst verzichtet. Sie sehen dies an dem hier abgebildeten, schnell und spontan gemalten Ölbild, das in der Alla-Prima-Technik ausgearbeitet wurde.

Impasto

Als Impasto bezeichnet man einen sehr dicken, fast reliefartigen Farbauftrag. Die Farbe wird dabei entweder mit einem kräftigen Pinsel, einem Spachtel oder auch direkt aus der Tube unverdünnt in kurzen schnellen Bewegungen, etwas stoßartig, auf die Leinwand aufgetragen. Die Pinsel- oder Spachtelspuren bleiben deutlich erkennbar auf der Bildfläche stehen, und das Bild erhält eine raue, plastische Struktur. Zuweilen kann der Ölgehalt der unverdünnten Tubenölfarbe so hoch sein, dass die Pinselspur leicht verwischt. Hier hilft es, die benötigte Farbmenge zunächst auf ein Löschblatt aufzutragen, das das überschüssige Öl aufsaugt, um dann mit der etwas steiferen Farbe weiter zu arbeiten. Es werden auch speziell für die Impasto-Technik entwickelte Malmittel („Malbutter") angeboten, die man der Ölfarbe beigeben kann. Sie erhöhen nur die Farbquantität, was von Vorteil ist, weil man für Impasto-Arbeiten ausgesprochen viel Farbe benötigt und dies schnell sehr teuer werden kann. Ein weiterer Vorteil dieser Malmittel ist auch, dass sie häufig trocknungsbeschleunigend wirkt, denn dicke Farbschichten trocknen sonst nur sehr langsam. Das Impasto ist eine sehr spontane Technik und wird deshalb oft bei der Alla-Prima-Malerei eingesetzt. Mit ihr können besonders gut auffallende Texturen von Gegenständen modelliert werden.

Spachteltechnik
Malt man in der Impasto-Technik, kann man die Farbe auch mit einem Malspachtel auftragen. Dabei erhält man wiederum andere Strukturen als beim Arbeiten mit dem Pinsel. Mit der flachen Kelle eines Spachtels kann man die Farbe in glatten Flächen verstreichen, während an den Rändern in kleinen Erhebungen scharfe Kanten entstehen. Je nach ausgeübtem Druck oder Drehbewegungen der Hand kann man die unterschiedlichsten Wirkungen erzielen. Am besten ist es, dies auf einem Stück Papier oder Malpappe auszuprobieren. Der Malspachtel, der eine gebogene Klinge besitzt, darf übrigens nicht mit dem Palettmesser verwechselt werden, das nur zum Farbmischen und zum Abkratzen von Farbe eingesetzt wird.

Sgraffito
Sgraffito bedeutet übersetzt „Kratzen". Hierbei werden in die oberste noch feuchte Farbschicht Linien und Strukturen gekratzt, wobei man entweder darunterliegende Farbschichten oder aber den Bildträger freilegt. Je nach der Farbigkeit der freigekratzten Stellen kann es dabei zu interessanten Farbspielen kommen. Das Sgraffito wird eingesetzt, um z. B. Muster auf Gegenständen, Stoffen oder glatten Oberflächen nachzuempfinden oder einem Motivdetail Struktur zu verleihen. Man kann dazu fast jeden stabilen spitzen Gegenstand verwenden, den Pinselstiel, das Palettmesser oder auch einfach nur eine harte Plastikkarte. Auch ein Kratzen in schon getrocknete Farbschichten ist möglich. Dabei durchdringt man jedoch alle Farbschichten und muss aufpassen, die Leinwand nicht zu verletzen, oder sollte auf stabilere Bildträger zurückgreifen.

Firnisse

Schlussfirnisse
Um das Bild vor atmosphärischen Einflüssen zu schützen und ihm vielleicht gleichzeitig eine matte oder glänzende Oberfläche zu geben, wird ein Schlussfirnis aufgetragen. Das Bild sollte allerdings vor dem Auftrag einer Schlussfirnis gut durchgetrocknet sein, was bis zu einem Jahr dauern kann. Je länger die Ölfarben Zeit zum Austrocknen hatten, desto besser wird sich der Firnis auftragen lassen und haften. Wird er zu früh aufgetragen, so trock-

net er unter Umständen schneller als die noch „feuchten" Ölfarben, was zu Sprungbildungen führen kann. Als Schlussfirnisse eignen sich am besten dünne, in Terpentinöl gelöste Mastix- oder Dammarharzfirnisse. Nicht zu empfehlen sind Schellacküberzüge, Bernstein-, Kopal- und Leinölfirnis oder gar Klarlacke. Vor dem Firnissen muss das Bild mit einem trockenen weichen Tuch vom Staub gereinigt werden. Auch sollte der Firnis möglichst staubfrei auftrocknen, dazu reicht es im allgemeinen schon aus, das Bild sehr hoch zu stellen, etwa auf einen Schrank. Genaueres zu Firnissen finden Sie auch auf Seite 185–186.

Zwischenfirnisse

Zwischenfirnisse dienen dazu, bereits angetrocknete Farbschichten wieder leicht anzufeuchten, um eine gute Verbindung zwischen der unteren und der folgenden oberen Farbschicht zu gewährleisten oder aber, um erneut nass in nass malen zu können. Geeignet sind dünn aufgestrichene Harzfirnisse, die auch mit ein wenig fetten Ölen oder Terpetinöl gemischt werden können. Nicht zu empfehlen sind sogenannte Spritfirnisse oder Schelllacklösungen. Sie trocknen zwar schnell an, werden aber spröde und bilden eine dichte, abtrennende Zwischenlage zwischen den Schichten.

Das Motiv wird kaum mehr verändert. Der Hintergrund aber wirkte im Vergleich zum Stillleben noch zu unstrukturiert und wurde daher noch genauer ausgearbeitet. Entstanden ist ein sehr spontanes, ***alla prima*** *gemaltes Bild voller Bewegung.*

Einzelstudien

Häufig ist es gerade für Anfänger, aber auch noch oft genug für den Fortgeschrittenen schwierig, mit der Komplexität eines Motivs umgehen zu können. Die vielfältigen Formen, die unterschiedlichen Oberflächen und Farben – all das kann verwirrend sein. Ausgesprochen hilfreich ist es dann, einzelne Objekte eines Motivs herauszugreifen und sie in Einzelstudien genauer zu betrachten.
Arbeiten Sie dabei mit billigen Materialien wie z. B. einem grundiertem Malkarton und Studienölfarben.
Betrachten Sie den ausgewählten Gegenstand einmal von vorn, einmal von der Seite, arbeiten Sie einmal farbig, einmal monochrom oder in verschiedenen Techniken. Diese Einzelbetrachtungen schärfen ihre Beobachtungsgabe und erleichtern das Malen des Gesamtmotivs.

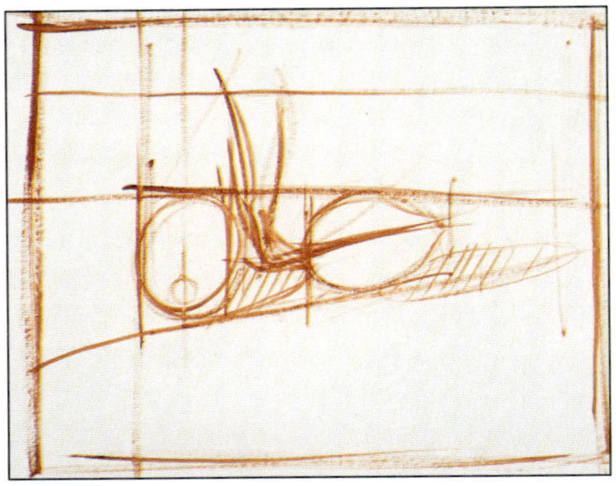

Die Zwiebelform wird von vorn und der Seite mit rötlichem Ocker und einem Pinsel in Öl locker auf eine grundierte Malpappe skizziert.

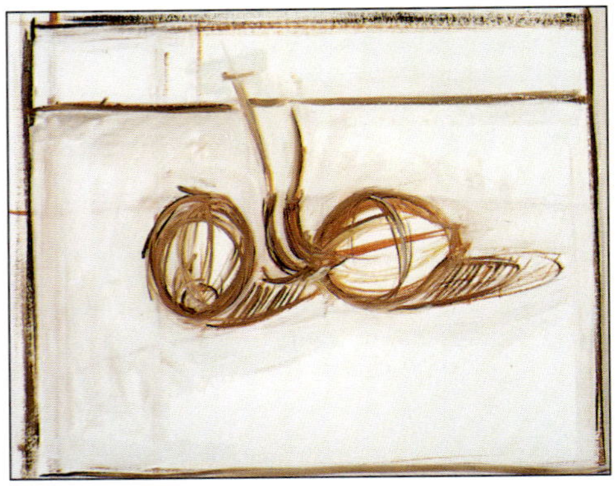

Mit Weiß wird nun von außen gegen die Form gearbeitet. Zugleich werden in vielen Strichen die Rundungen genauer definiert.

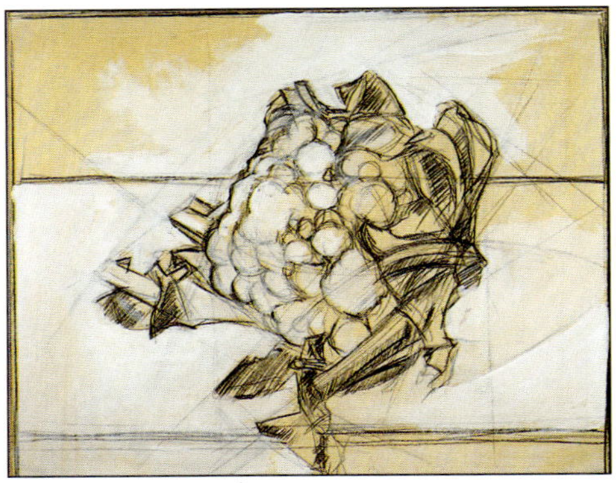

Eine Vorzeichnung auf grundierter Pappe wird mit einer schnellen weißen Acryl-Imprimitur fixiert. Dabei wird die Acrylfarbe ganz dünn aufgetragen.

In dieser Studie soll die Wirkung einer pointillistischen Malweise betrachtet werden. Erste Farbtupfen werden gesetzt.

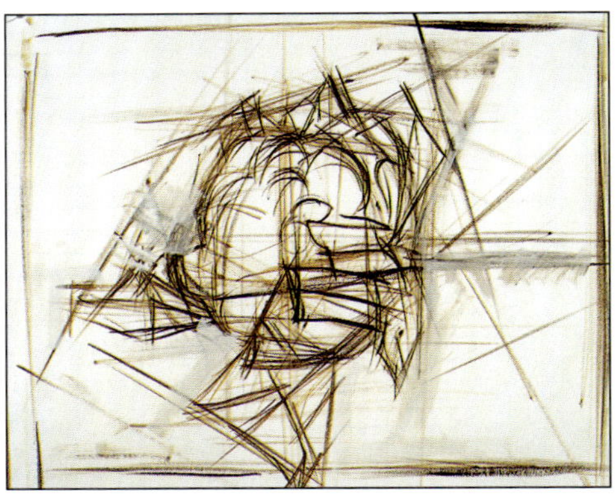

Das immer wieder überarbeitete Liniengerüst, das sich zum Teil bis zum Bildrand fortsetzt, hilft zu erkennen, wie das Motiv im Format steht.

Die Hilfslinien werden nun zum Teil mit Acrylweiß abgedeckt, im Blumenkohl selber jedoch, vor allem in den Rundungen, verstärkt.

In die nun farbig gestaltete Zwiebel wurde hineingekratzt, um durch das sichtbar werdende Weiß des Untergrundes Lichter zu erhalten.

Eine Variante zum vorhergehenden Bild: Die Zwiebel wird malerischer überarbeitet und die Lichter mit pastosen Farben aufgesetzt.

Nach und nach wird die Vorzeichnung, die im letzten Schritt noch wichtige Hilfslinien bot, nun mit Farbtupfen überdeckt.

Die Farbigkeit wird vertieft und dabei vor allem mit dem Phänomen der optischen Farbmischung experimentiert.

Mit Schraffuren werden nun die Hell-Dunkel-Werte des Blumenkohls herausgearbeitet und die Vorstudie abgeschlossen.

Eine Variante zum vorhergehenden Bild: Die Hell-Dunkel-Werte werden in malerischer, flächiger Form modelliert.

Themen

Stillleben, Interieur, Landschaft und Architektur, Bildnis und Akt, Tiere, Experimente

Stillleben

Vincent van Gogh, Sonnenblumen, Öl auf Leinwand, 1889.

Die Stillleben-Malerei – das Malen von stillstehenden bzw. toten Gegenständen (im Italienischen spricht man auch von „natura morte") – heute eine anerkannte Gattung der Malerei, bildete sich erst im Laufe des 16. und 17. Jahrhunderts in den Niederlanden heraus. So ist erstmals Mitte des 17. Jahrhunderts der Begriff „stilleven" anzutreffen. Im 18. Jahrhundert breitete sie sich weiter aus, im 19. Jahrhundert wurde sie festes Ausbildungsfach an allen Akademien. Frühere Jahrhunderte kannten keine eigenständige Stillleben-Malerei. Allerdings finden sich in vielen Bildern Elemente der späteren Stillleben in Form dekorativer Ausschmückungen oder allegorischer Beigaben, wobei diesen Attributen jedoch immer nur eine untergeordnete Rolle zukam. Erst nach und nach begann man, diese Elemente aus dem Zusammenhang zu lösen und isoliert in Bildern darzustellen.
Die Stillleben-Malerei umfasst ein breites Spektrum von Motiven. So kennt man u. a. Fruchtstücke, Blumenstillleben, Küchenstillleben oder auch das Jagdstück. Die folgenden Seiten beschäftigen sich zunächst mit dem Blumenstillleben. Dies hat seinen Ursprung in der ausgeprägten Pflanzensymbolik des Mittelalters. In der religiösen Motivik der mittelalterlichen Malerei kam den Blumen häufig eine allegorische Funktion zu. Blumen und Pflanzen besaßen vielfältige religiöse oder, auf wissenschaftlicher Ebene, heilkundliche Bedeutung. So wurde zum Beispiel der Paradiesboden durch Blumen und Heilpflanzen verdeutlicht, Engel und Selige trugen Blumensträuße und -kränze, die Nelke, deren lateinischer Name „carnatio" ist, stand in einem Blumenstrauß für die Fleischwerdung Christi, die Schwertlilie – Pflanze des Schmerzes – wurde häufig Marienbildnissen beigegeben usw.
Erste eigenständige Blumenbilder finden sich bei Leonardo da Vinci (1452–1519) und Albrecht Dürer (1471–1528). Allerdings sind diese mehr wissenschaftliche Illustrationen und wurden zudem nur als Studien für spätere Gemälde angefertigt. In der Folgezeit jedoch gab es keine Kunstrichtung, die sich nicht auch mit dem Zeichnen und Malen von Blumen auseinandergesetzt hätte. Die symbolische Bedeutung trat dabei mehr und mehr in den Hintergrund und ging schließlich ganz verloren. Wichtiger wurde die Möglichkeit, mit Farben und Formen zu experimentieren. Bestes Beispiel für farbliche Intensität sind die Sonnenblumen Vincent van Goghs (1853–1890).

Rosen in Alla-Prima-Technik

Blumen sind wundervolle Motive. Sie sind bequem zu Hause zu malen, ein komplizierter Aufbau ist nicht nötig, und in ihrer Artenvielfalt bieten sie uns von Natur aus einen Reichtum immer neuer Formen, Strukturen und Farben. Welche Maltechnik Sie wählen, wird davon abhängen, unter welchem malerischen Aspekt Sie Ihr Motiv betrachten. Für eine naturalistische Studie z. B. bietet sich eine Lasurtechnik an. In unserem Beispiel aber war es das kräftige Farbenspiel der leuchtend roten und gelben Rosen, das in impressionistischer Weise alla prima eingefangen werden sollte. Das Bild wurde also ohne Untermalung in deckender Ölfarbe direkt auf die grundierte Leinwand gesetzt und in einer Arbeitssitzung fertiggestellt. Die Farbe wurde von Anfang an deckend mit dem Pinsel aufgetragen; nur eine skizzenhafte Aufzeichnung in Kohle, die die Komposition festlegte, wurde zuvor als Malhilfe aufgezeichnet. Allerdings wurden genaue Vorstudien angefertigt. Denn da die impressionistische Malweise von großer Spontanität und Schnelligkeit beim Malen geprägt ist, ist es wichtig, auf Skizzen zurückgreifen zu können. Verdeutlichen Sie sich daher Ihre Komposition, ihre Farben und Mischungen in einem solchen Fall in genauen Vorstudien.

In einem ersten, flüchtigen Farbauftrag werden die Rosen mit schwungvollen Strichen angedeutet. Vase und Hintergrund sollen einen Grauton erhalten und werden daher mit Weiß eingetragen. Die Ölfarbe löst dabei den Kohleauftrag der Aufzeichnung an, woraus sich ohne direkte Farbmischung auf dem Malgrund ein lebendiger Grauton ergibt.

Die Blumen werden sehr pastos nass in nass weiter bearbeitet. Man sollte mit möglichst wenig Pinselstrichen auskommen und diese relativ sicher nebeneinander setzen. Korrekturen werden durch Abheben der Farbe mit dem Palettmesser ausgeführt. Der Hintergrund wird nun mit einem aus Weiß und Schwarz ausgemischten Grau weiter ausgearbeitet.

Die Aufmerksamkeit liegt hier auf Vase und Hintergrund. Als Ausgleich zu der dynamischen Pinselführung in den Blumen wird der Hintergrund gleichmäßig, in einer Pinselrichtung von 45° zum Motiv gemalt und etwas aufgehellt. Die Vase erhält stärkeres Volumen, indem mit deckendem Weiß Lichtreflexe eingetragen und der bläuliche Schatten der Vase auf dem Tisch verstärkt wird.

Der Hintergrund wird in gleichmäßigen senkrechten Strichen weiter beruhigt, die Blumen im Gegensatz dazu mit farbigen Tupfen verdichtet. Die Vase erhält mit leichten Ockertönen deutlichere Lichter, die Stängel, die sich im Wasser brechen, werden nachgezogen und mit kleinen Pinselstrichen Schatten eingetragen. Die Farbe ist zwar nun etwas angetrocknet, aber immer noch frisch. Neue Farbaufträge müssen daher sehr leicht gesetzt werden, um sie nicht mit den darunterliegenden zu vermischen.

Die Vase wird in immer kleineren, mosaikartig gesetzten Pinselstrichen in Weiß und Gelb noch differenzierter modelliert, Schatten und Tiefen deutlicher hervorgehoben. Ebenso werden kleine Akzente in den Blumen eingetragen: Das ist besonders gut an den roten Rosen und in den Grüntönen der Blätter (die auch mit Blau gemischt wurden) zu erkennen. Ganz zum Schluss werden Lichter aufgesetzt. Format 44 x 48 cm

Die Pinselführung sollte immer dem Charakter der jeweiligen Objekte entsprechen: Die Vase wurde in kleinen Strichen geformt, die Blumen fast gespachtelt, der Hintergrund gleichmäßig gemalt.

Sonnenblumen in pointillistischer Malweise

Eine ganz andere Malweise liegt dem Pointillismus zugrunde, der sich gegen Ende des 19. Jahrhunderts aus dem Impressionismus entwickelte. Im Pointillismus wird die Farbe nicht flächig aufgetragen, sondern in ein System rasterartiger Punkte zerlegt. Erst das Auge des Betrachters „mischt" diese Tupfer, sodass der Eindruck verschiedener Tonabstufungen entsteht. Dabei geht es nicht um eine naturalistische detailgetreue Wiedergabe des Motivs, sondern – wie im Impressionismus – um das Festhalten von Licht- und Farbeindrücken, doch ist der Malprozess weit weniger spontan und kann einige Zeit in Anspruch nehmen.

△ Um das Weiß der mit Kreidegrund grundierten Leinwand „aufzubrechen" und dem Bild einen mittleren Tonwert vorzugeben, wird sie mit einem Rotocker gefärbt. Die Aufzeichnung erfolgt mit weißem Kreidestift. Dann werden erste Farbflecken und -tupfen gleichmäßig über das Bild verteilt.

◁ Durch immer neue, gleichmäßig verteilte Farbpunkte werden Form und Farbigkeit des Motivs langsam verdichtet. Betrachten Sie es mit leicht zusammengekniffenen Augen, sodass es etwas verschwimmt. So lässt sich die spätere Bildwirkung schon erahnen. Um ein Ineinanderlaufen und Vermischen der Farbe zu vermeiden, wird sie relativ trocken aufgetupft.

△ *Die Aufzeichnung verschwindet langsam, das Bild wächst Tupfen um Tupfen zusammen. Immer wieder sind dabei in dunklen Flächen auch helle Punkte zu finden und umgekehrt. Auf diese Weise entwickeln sich weiche Hell-Dunkel-Übergänge.*

▽ *Das Bild aus drei verschiedenen Entfernungen: Im ersten Ausschnitt erkennen Sie deutlich die Punkte, aus denen es sich zusammensetzt. Auch das Rotocker der Leinwand schimmert durch; es steht im Kontrast zu den kühlen Farben des Hintergrundes. Je weiter man sich von dem Bild entfernt, desto stärker verbinden sich die Punkte optisch zu einer Einheit.*

△ *Ein Bild in pointillistischem Stil braucht ein wenig Geduld. Kontrollieren Sie immer wieder die Hell-Dunkel-Verteilung, Licht und Schatten und die Formen. Verdichten Sie die Punkte dort, wo es Ihnen nötig erscheint. Lassen Sie das Bild auch ruhig einmal einen Tag stehen. Achten Sie dann aber darauf, im gleichen Pinselrhythmus weiterzuarbeiten. Hier wurden abschließend mit Rebschwarz nochmals Tiefen aufgetupft. Format 44 x 53 cm*

Sonnenblumen in Schichtentechnik

Bei der Schichtentechnik muss sehr genau darauf geachtet werden, dass die Oberfläche jeder Farbschicht vor dem Auftrag einer weiteren Farbschicht angetrocknet ist. Und vor allem darf man niemals die Regel „fett auf mager" außer Acht lassen.

Mit weichem Rötelstift wird eine sehr genaue Konstruktions- und Kompositionsskizze direkt auf die weiße, grundierte Leinwand gezeichnet (links). Diese wird dann mit dem Pinsel in einem Ockerton zu einer linearen Zeichnung ausgearbeitet, die Hilfslinien werden mit Weiß übermalt. Verwendet wurde dafür wässrige Acrylfarbe; man hätte aber auch eine Eitempera oder sogar Aquarellfarbe nehmen können.

In der Art einer Untertuschung erfolgt mit sehr stark verdünnter Ölfarbe der erste, flächige Auftrag der wichtigsten Farbtöne.

Nach der Regel „fett auf mager" werden in jedem Schritt weitere Farbschichten aufgetragen. Hier werden Hintergrund und Motiv weiter verdichtet. In der Farbigkeit beginnt man zunächst mit mittleren Tönen und arbeitet dann langsam sowohl zum Hellen als auch zum Dunklen.

Der Farbauftrag wird pastoser und kräftiger. Für die Blüten werden Chromgelb, etwas Ocker und Titanweiß verwendet. In dem Grün der Stängel wird das Chromgelb aufgegriffen und mit Preußischblau vermischt, sodass ein kühler Grünton entsteht.

Die Vase wird mit kalten Weiß-, Grün- und Blautönen aufgebaut. Mit leichten Tupfen werden weiße Lichter aufgesetzt, um die Spiegelungen im Wasser wiederzugeben.

Etwas Chromoxidgrün feurig verstärkt das Grün der Stängel. Aber auch an anderen Stellen wird die Hell-Dunkel-Struktur weiter ausgearbeitet. Sie erkennen dies z. B. deutlich an dem Tisch, der mit Englischrot, aber auch an einigen Stellen mit Preußischblau stärker modelliert wurde. Die Ecken und Konturen der Vase werden deutlicher nachgezogen, und sie erhält mit Weiß weitere Höhen. Im Hintergrund wird das Grün der Pflanze aufgegriffen. Dieser wird wiederum in sehr ruhigen Pinselstrichen gemalt, während im Vordergrund mit kurzen, sehr spontanen Pinselstrichen gearbeitet wurde. Format 43 x 56 cm

Sonnenblumen in Lasurtechnik

Nachdem in den beiden vorangegangenen Beispielen die Sonnenblumen in einer größeren Komposition mit Vase und Tisch gemalt worden sind, soll sich das Interesse bei diesem Bild einmal ganz auf die Sonnenblumen und ihre Blüten richten. Um eine sehr realistische und detaillierte Darstellung zu erreichen, wurde in der Lasurtechnik auf einer sehr feinen Leinwand gearbeitet.

Die Aufzeichnung wurde mit Kohle erstellt. Im unteren Bildteil erkennt man, dass der überschüssige Kohlenstaub schon abgebürstet worden ist. Auf die Aufzeichnung wurde in Rotocker eine streifige Acryl-Imprimitur gelegt. Kohle wird durch Acrylfarbe fast völlig verdeckt, und so schimmert die Aufzeichnung kaum noch durch.

In der folgenden Acryluntermalung werden zunächst Helligkeiten und Dunkelheiten festgelegt. Mit Weiß werden lasierend die hellen Bildelemente (Blüten und Stängel) eingetragen. An manchen Stellen schimmert die Imprimitur durch. Man erhält so eine Art „Grauton", der erste Hell-Dunkel-Werte vorgibt. Ebenso werden mit Grüner Erde die dunkelsten Stellen (Blätter und Samen) aufgetragen. Der Hintergrund wird mit Hellblau angelegt, welches nach oben hin immer stärker mit Weiß gehöht wird, um dem Bild Tiefe zu geben.

Die in den letzten Schritten beschriebene Vorgehensweise hat den großen Vorteil, eine sehr deutliche und ausgearbeitete Hell-Dunkel-Struktur vorzugeben, auf der man die Farbigkeit des Bildes schnell und sicher weiter aufbauen kann. Das Motiv wird nun nur noch großzügig mit Gelb- und Grüntönen überarbeitet, und schon liegt eine fast realistische Wiedergabe der Sonnenblumen vor: Die Acryluntermalung ist damit abgeschlossen.

Nun werden erste lasierende und halbdeckende Ölfarbschichten aufgetragen. Die Blütenblätter erhalten mit Chromgelb und Chromorange ihre besondere Zeichnung. In den Grünteilen wird die Farbigkeit zunächst mit Chromoxidgrün feurig, das stark mit Weiß und ein klein wenig Gelb gemischt wurde, in leichtem, schnellem Farbauftrag verstärkt. In einem späteren Schritt folgt darauf ein wenig Preußischblau, um Dunkelheiten wiederzugeben. Im dunklen Inneren der Sonnenblumen (einer Mischung aus Preußischblau und Krapplack, wie sie auch an den dunklen Stellen der Blütenblätter verwendet wird) werden leicht tupfend Helligkeiten eingesetzt, um die Samen wiederzugeben. Die Stängel erhalten in lasierendem Krapplack erste Schattenwerte.
Auf diese Weise werden Lasur für Lasur die Farben des Motivs herausgearbeitet. Natürlich können die hier beschriebenen Farbaufträge nicht alle in einer Arbeitssitzung durchgeführt werden. Zwischen jedem neuen Farbauftrag müssen die unteren Schichten gut trocknen, was manchmal mehrere Tage dauern kann. Aus diesem Grund ist es für die Lasurtechnik unerlässlich, geeignete Trockenmittel (Sikkative) oder Malmittel zu verwenden.

In weiteren Lasuren wird das Bild immer feiner und nuancierter, und mit einem feinen Haarpinsel werden letzte Details aufgesetzt, so z. B. bei den Blättern, die durch erneute Gelbtöne noch genauer strukturiert werden. Man kann jedoch während der gesamten Arbeit auch mit Lappen und Fingern arbeiten und die Farben fein verwischen. Mit Hilfe mehrerer Lasuren in Krapplacktönen wird der Hintergrund nach unten dunkler, während er im oberen Bereich sein Blau behält. Die Pflanze setzt sich wirkungsvoll von dem dabei erzielten „wolkigen" Charakter ab und tritt noch stärker in den Vordergrund.
Format 53 x 56 cm

Die Abklatschtechnik

Manchmal kann es passieren, dass man zu viel Ölfarbe aufgetragen hat und das Bild nur noch schwer weiter bearbeitet werden kann. Dann hilft eine Art der „Monotypie“, auch „Abklatschen“ genannt: Man legt ein stark saugendes Papier – hier wurde mit einem Chinapapier gearbeitet – auf das Ölbild, drückt es leicht an, reibt vorsichtig über die Rückseite, ohne die Leinwand durchzudrücken, und zieht das Papier dann wieder ab. Die überschüssige Ölfarbe bleibt auf dem Papier haften, und man kann nun wieder mit neuen Farbaufträgen beginnen.

Der Reiz des Abklatschens besteht darin, dass man einen spiegelverkehrten Abdruck vom Motiv gewinnt. Allerdings sind solche Monotypien nicht besonders haltbar, da sich Papier und Leinöl nur schlecht vertragen; beides fällt dann später regelrecht auseinander.

Man kann nach dem Abklatschen die Ölfarbe vom ursprünglichen Bild mit einem Lappen und Terpentin auch ganz abwischen, um neu zu beginnen. Da die wässrige Acryluntermalung terpentinunlöslich ist, bleibt sie bestehen, und man kehrt somit zur Ausgangsstufe für die Ölmalerei zurück. Statt Acryl hätte man für die Untermalung auch eine gute Tempera verwenden können.

Tulpenstillleben – Ein spontanes Spiel mit Farben

In den vorangegangenen Beispielen haben wir uns mit der klassischen Form des Blumenstillllebens – einem Strauß in einer Vase – beschäftigt. Durch die Form der Vase ergibt sich dabei meist ein Hochformat, vor allem wenn es sich um langstielige Blumen wie die Sonnenblumen handelt. Dass man einen bunten Blumenstrauß aber auch in einem ganz anderen Arrangement malen kann, zeigt uns das Stillleben dieser Seiten. Der Tulpenstrauß mit seinen weißen, roten und gelben Blüten wurde auf dem Markt gekauft und zu Hause zunächst halb aus dem Papier gewickelt auf dem Tisch liegen gelassen. Beim zufälligen Betrachten dieser Situation entstand plötzlich die Idee zu einem Bild. Das ansprechende Farbenspiel zwischen den Blüten, dem weißen Papier und dem Holztisch, die ungeordnet aufeinanderliegenden Blumen sowie das ungewöhnliche Querformat – all dies wurde dann ebenso spontan, wie es entdeckt wurde, in der Alla-Prima-Technik festgehalten.
Scheuen Sie sich nicht, kleine Anregungen des Alltags für ein Bild aufzugreifen und auch einmal mit einem etwas ungewöhnlicheren Arrangement zu experimentieren. Häufig entstehen so die lebendigsten Bilder. Lernen Sie, auf solch zufällige Begebenheiten zu achten. Wenn Sie keine Zeit haben, eine plötzliche Idee in einem Bild umzusetzen, fertigen Sie als Erinnerungsstütze schnelle Skizzen oder ein Foto an, die sie dann später in Ruhe zu einem Bild ausarbeiten können.

Auf farbig grundiertem Papier wird mit weißer Ölfarbe die Komposition schnell „alla prima" aufskizziert.

Locker und zügig werden die ersten Farbflächen aufgetragen. Achten Sie bei einem solchen Bild nicht zu stark auf die Realität, sondern versuchen Sie die Eindrücke, die Ihnen das Motiv vermittelt, einzufangen. Der Holztisch wird in seiner Farbigkeit ebenso lebendig gestaltet wie der Tulpenstrauß. Es finden sich neben Ocker- und Gelbtönen auch Kadmiumrot, mit etwas Kadmiumorange gemischt.

Einem Bild sollte immer eine farbliche Einheit zugrunde liegen. Diese erreicht man, indem man die Farben einzelner Gegenstände auch in anderen Bereichen wiederholt oder in Mischungen anderer Farben einsetzt. So finden sich z. B. in der Vase die Gelb- und Grüntöne der Blätter und Stengel der Tulpen und im Holztisch Rottöne aus den Blüten sowie im Schatten der Vase die Ocker-Kadmiumorange-Mischung des Holztisches. Für die dunklen Stellen wurde nur sehr selten reines Schwarz verwendet, denn es wirkt immer flach. Lebendiger und mehr Tiefe gebend ist ein „buntes" Schwarz, das aus anderen Farben ausgemischt wird. Hier z. B. wird das Rot der Tulpen mit Preußischblau vermischt, woraus ein sehr dunkler, kräftiger Violettton entsteht, mit dem die Schatten eingetragen wurden. Format 60 x 46 cm

Hier wird deutlich, aus wie vielen verschiedenen Farbtönen das Motiv aufgebaut wurde.

Tulpenstillleben – Hell-Dunkel-Kontrast

Nachdem der Tulpenstrauß des vorangegangenen Beispiels in eine Vase gestellt worden war, reizte das kräftige Farbenspiel dazu, ihn nochmals in einer anderen Komposition in einem Bild festzuhalten. Da jedoch keine Zeit blieb, auch diese Idee sofort umzusetzen, wurde ein Foto angefertigt, das zu einem späteren Zeitpunkt als Vorlage diente.

Mit dem Kadmiumrot der Tulpen wird auch der Hintergrund in einem mageren, aquarellartigen Farbauftrag gestaltet. In Preußischblau werden rechts zwei afrikanische Skulpturen angedeutet.

Den lockeren Stil des ersten Tulpenstilllebens noch im Gedächtnis, wird auch dieses Bild sehr spontan aufgebaut. Mit Grün-, Rot- und Gelbtönen wird das Motiv mit Ölfarbe auf die weiße, grundierte Malpappe skizziert. Es wird darauf geachtet, dass sich die Farben in diesem Stadium noch nicht miteinander vermischen. Die Grundierung der Pappe sollte gut saugend sein, damit die Ölfarben besser einziehen können. So kann man relativ schnell weiterarbeiten.

Hier werden die Vase, das Papier, auf dem sie steht, und ihr Schatten genauer ausgearbeitet. Titanweiß gibt die Lichtreflexe, Preußischblau hingegen die Dunkelwerte an.

Deutlich sind die spontanen Pinselstriche zu erkennen sowie die sich wiederholenden Farbtöne, die dem Bild eine farbliche Harmonie verleihen.

Die afrikanischen Skulpturen lenkten die Aufmerksamkeit zu sehr auf den Hintergrund. Ihr dunkler Farbton gab jedoch die Anregung, den Hintergrund ganz in Preußischblau zu überarbeiten. Dadurch ist ein wirkungsvoller Hell-Dunkel-Kontrast entstanden, aus dem die Tulpen leuchtend hervortreten. Es wurde jedoch darauf geachtet, den Hintergrund nicht einfach zuzumalen. Das Kadmiumrot blitzt an vielen Stellen durch, und die Fläche bleibt dadurch lebendig.
Format 50 x 70 cm

Interieur

Henri Matisse, Intérieur; l'étui à Violon, 1918/19.

Der Begriff „Interieur" (das Innere) beschreibt das Malen von Innenräumen im Gegensatz zum Freiraum. Bis zum 14. Jahrhundert finden sich Innenräume in der künstlerischen Darstellung nur angedeutet. Da man die Gesetze der Perspektive noch nicht kannte, stellte man den Raum als Kasten dar. Erst die Entdeckung der Perspektive im 15. Jahrhundert machte dann eine räumliche und realistische Wiedergabe möglich. Vorreiter für die Entwicklung des Interieurs zur eigenständigen Bildgattung war wiederum – ebenso wie beim Stillleben – die niederländische Malerei des 17. Jahrhunderts. Es war jedoch üblich, einen Raum immer zusammen mit Menschen darzustellen. Der menschenleere Raum kam als Motiv erst im 19. Jahrhundert auf. Seitdem aber ist das eigenständige Interieur in den modernen Kunstrichtungen auf die vielfältigste Weise dargestellt worden. Schon im Impressionismus begann man dabei auf der Suche nach neuen Darstellungsformen die Gesetze der Perspektive wieder zu vernachlässigen. Das Hauptaugenmerk verschob sich auf die Erfassung von Farbflächen, Lichteffekten und Formverteilungen. In der Folgezeit wurde das Interieur zum magischen Raum, er wurde in abstrakte Formen aufgelöst, perspektivisch verzerrt oder auch in höchst detaillierten Studien fotorealistisch wiedergegeben. Intensiv hat sich z. B. Henri Matisse (1869–1954) mit Fragen der Raumdarstellung auseinandergesetzt. Seine Interieurs sind geprägt von starker Flächigkeit und intensiven Farben.

Atelierraum im Komplementärkontrast – Keine Angst vor Korrekturen

Wenn Sie sich für das Malen von „Interieurs" interessieren, blicken Sie sich einfach einmal in Ihrer Wohnung um. Auch in diesem Beispiel hat sich der Künstler etwas sehr Naheliegendem zugewandt, nämlich seinem eigenen Atelierraum. Da ein Zimmer meist eine Vielfalt von Gegenständen enthält, ist es häufig schwierig, eine klare Komposition zu gewinnen. Treffen Sie in einem solchen Fall ruhig eine Auswahl, lassen Sie Dinge weg, die Ihnen störend erscheinen und reduzieren Sie so Ihr Motiv auf das, was Ihnen wichtig ist. Dass man ein kompliziertes Motiv aber auch während des Malens noch vielfach verändern kann, zeigt unser Atelierbild, das viele verschiedene Stadien durchlaufen hat. Gerade in der Ölmalerei kann man hervorragend korrigieren. Besonders spannend wird ein Interieur übrigens, wenn ein Blick nach draußen, durch ein Fenster oder eine geöffnete Tür, in das Motiv einbezogen wird, wie es der Künstler auch hier getan hat.

Die Komposition des Raumes wird leicht mit Kohle auf eine grundierte Leinwand vorskizziert. Anschließend wird diese Vorskizze in lockeren Pinselstrichen mit stark verdünnter Ölfarbe (d. h. viel Lösungsmittel, wenig Farbe) mit Ultramarinblau nachgezeichnet. Die Regeln der Perspektive werden bewusst vernachlässigt, da die Intention des Malers im Einfangen der Gesamtkomposition des Raumes liegt. Er konzentriert sich daher ganz auf die Wiedergabe der Flächenverteilung und die Farbgebung.

Um sich die Farbflächen zu verdeutlichen, arbeitete der Maler zunächst mit sehr grellen Farben. Die Pinselspuren sind sehr grob ausgeführt, die Konturen der Vorzeichnung schimmern immer noch durch.

△ Das Bild lebt von den starken Komplementärkontrasten, die nun verstärkt werden: So ist der Fußboden violett, die Wände gelb, bei den Bildern an den Wänden stehen sich Grün und Rot gegenüber, und das Blau des Atelierwagens korrespondiert mit dem orangefarbenen Tisch am rechten Bildrand. Die ohnehin sehr leuchtenden Farben werden durch diese Kontraste nochmals verstärkt. Im Hintergrund, beim Durchblick auf den Balkon, werden sehr kalte, stark mit Weiß abgetönte Farben eingesetzt, um – nach den Regeln der Luftperspektive – dem Bild Tiefe zu geben.

◁ Da das Bild nun doch etwas zu bunt und unruhig wirkte, wurde die Farbigkeit durch ein Blaugrau wieder abgemildert. Andere Bildelemente (wie z. B. die Staffelei), die im Gegenlicht stehen, sind dagegen in ihrer Farbigkeit dunkler und intensiver überarbeitet worden. Zudem schienen zu viele Gegenstände im Raum zu sein, und einige sollten daher entfallen. So wurde zunächst die Box rechts auf dem Tisch durch eine kleine Skulptur ersetzt. Aber auch der Atelierwagen, der durch die Veränderung der Farbigkeit noch stärker in den Vordergrund getreten ist, scheint zu dominant.

◁ *Es ist nicht mehr zu erkennen, wie stark dieser Bildteil im Laufe der Arbeit verändert wurde. Korrekturen sind in der Ölmalerei relativ einfach auszuführen. Man sollte diesen Vorteil nutzen und keine Angst haben, ein Bild so lange zu überarbeiten, bis es den eigenen Vorstellungen entspricht.*

△ *Um einen klareren Bildaufbau zu erhalten, wurde daher die Farbe im Vordergrund mit einem Palettmesser völlig abgekratzt. Danach wurde die freigelegte Stelle mit etwas Malmittel isoliert (man könnte aber auch direkt neue Farbe auftragen) und dann anstelle des Atelierwagens ein einfacher Stuhl gemalt. Der Boden verändert sich von einem Violettton zu einem Grau-Weiß-Ton, wodurch der Schreibtisch vor dem Fenster sowie der rote Tisch mit der Skulptur besser zur Geltung kommen.*

▷ *Thema des Bildes ist jetzt nicht mehr das komplementäre Spiel der Farben, sondern das interessante Hell-Dunkel-Gefüge, das das Gegenlicht hervorruft. Durch Verstärken der Farbgebung und der Dunkelheiten sowie weiße Lichter wird diese Beleuchtung des Raumes hervorgehoben.*
Format 50 x 48 cm

Interieur mit Mädchen – Kalt-Warm-Kontrast

In diesem Beispiel wurde in die Raumkomposition eine Figur integriert. Das Hauptinteresse gilt dennoch nicht der Personendarstellung. Der besondere Reiz liegt viel eher in der Beleuchtung des Raumes: Ein zwar starkes, aber durch die heruntergelassene Jalousie abgedämpftes Sonnenlicht ergibt einen interessanten Kalt-Warm-Kontrast. Ebenso spannend sind die klaren gegensätzlichen Strukturen der Raumteile – achten Sie auf die horizontalen und vertikalen Gegenbewegungen. Versuchen Sie, beim Betrachten eines Motivs auf solche auffallenden Komponenten zu achten, um eine spannende Komposition aufzubauen.

Die Farbigkeit wird in einem kühlen Blaugrün und einem warmen Rotorange angelegt. Gesteigert wird dieser Kalt-Warm-Kontrast durch den enthaltenen Komplementärkontrast.

Mit stark verdünnter Ölfarbe (Roter Ocker) wird die Konstruktionsskizze mit locker gezeichneten Hilfslinien auf die mit Kreidegrund behandelte, fein strukturierte Leinwand gesetzt. Dabei darf man vor Korrekturen nicht zurückschrecken. Je komplizierter das Motiv ist, desto wichtiger werden sie. Hier wurden falsche Linien mit dem Lappen einfach abgewischt und mit blaugrauem Strich neue darübergesetzt.

Mit lockeren Strichen wird die Figur nun genauer ausgearbeitet. Dabei wird auch der Lichteinfall von links oben mitberücksichtigt. Die Pinselstriche in der Figur sind ebenfalls stark strukturiert und so technisch an die Raumdarstellung angeglichen.

Nun richtet sich das Interesse stärker auf ein Hervorheben des Lichtes. Mit Weiß werden erste Lichter gesetzt, während das Indigoblau der Kleidung langsam nach unten hin zu Preußischblau verdunkelt wird. Das Chromoxidgrün der Jalousie wird mit einem hellen, mit viel Weiß gemischten Gelbton übergangen. Arme, Hand und Haar des Mädchens, auf die das meiste Licht fällt, werden mit Weiß gehöht. Auch auf dem Fußboden werden Licht und Schatten deutlicher hervorgehoben. So wird die besondere Atmosphäre, die durch das Gegenlicht entsteht, eingefangen.
Format 45 x 53 cm

Durch eine nur schemenhafte Andeutung einer Kanne wird die Wirkung starken Gegenlichtes verstärkt.

Deutlich sind die Strukturen sowie die kalt-warmen Farbkontraste, mit denen gearbeitet wurde, zu erkennen.

Die Kirchdorf, Fähre nach Finkenwerder – Ein kompliziertes Motiv bewältigen

Um sich mit dem Thema „Räume“ zu beschäftigen und Interieurs zu malen, muss man sich nicht unbedingt auf das eigene Haus beschränken. Auch ein Café, eine Kirche oder ein anderes öffentliches Gebäude kann interessante Motive bieten. Hier war es der Fahrgastraum einer Hamburger Hafenfähre, der den Künstler besonders faszinierte. Das Motiv wurde relativ realistisch in Zentralperspektive ausgearbeitet. Der Aufbau des Raumes mit den Sitzreihen, Tischen, Fenstern sowie seinen vielfältigen Spiegelungen ist allerdings etwas komplizierter als in den vorangegangenen Beispielen, in denen der Schwerpunkt zudem auf der Wiedergabe von Licht- und Farbeindrücken lag. Um ein solch komplexes Motiv zu bewältigen, bedarf es ausführlicher Vorarbeiten und Studien, in denen Perspektive, Raumaufteilung und Farbwirkung erkundet werden. Einige Bildteile wurden auch in Einzelstudien – wie auf den Seiten 40–47 beschrieben – vorab studiert.

Da die Kenntnis der perspektivischen Gesetze für die Konstruktion einer solchen Komposition unerlässlich ist, sei es gerade Anfängern empfohlen, sich mit diesen gesondert zu beschäftigen. Literaturhinweise zur Perspektive finden Sie auf Seite 187.

Eine der wichtigsten Vorarbeiten besteht immer in der Festlegung der Hell-Dunkel-Verteilung. Hier wurde eine Kohlezeichnung auf Packpapier angefertigt und mit Acrylweiß überarbeitet. Das Weiß und die Kohle haben sich dabei zu verschiedenen Grauwerten vermischt, die die Hell-Dunkel-Struktur und die Lichtspiegelungen ausgezeichnet wiedergeben.

Auf der Grundlage der Vorstudien wird nun eine lineare Aufzeichnung auf die Leinwand gesetzt. Dabei wird mit Zeichenfeder und Aquarellfarbe (Grüne Erde) gearbeitet. Aquarellfarbe kann sehr stark verdünnt und dann wie Tinte verwendet werden. Sie trocknet matt und terpentinunlöslich auf, und ist daher ein ausgezeichnetes Mittel für eine Aufzeichnung.

Das Bild wird über mehrere Tage hinweg in deckenden bis halbdeckenden Schichten aufgebaut. Der Aufbau ist also zunächst noch mager, es kommen jedoch von Anfang an Ölfarben zum Einsatz. Ihnen wird ein schnell trocknendes Malmittel zugesetzt, und die Farbe relativ dünn aufgetragen. Hier werden untertuschend die verschiedenen Farbflächen angelegt: die Bänke schon in kräftigem Kadmiumrot, die hinteren Wände in Kadmiumorange, die Seitenwände in Ocker und die Decke in einem farbigen Grau aus Preußischblau, Weiß und etwas Grün.

Die Farbigkeit wird immer weiter vertieft. In der Decke und an den Lampen werden erste Spiegelungen eingetragen. Sehr wichtig für ein so kompliziertes Motiv ist, dass jeder Bildteil immer Schritt für Schritt hintereinander ein Stück weiter ausgearbeitet wird. So kann man die Beziehungen der einzelnen Elemente immer wieder vergleichen und behält einen Überblick über die Komposition im Ganzen. Viel schwieriger wäre es, einzelne Stellen des Bildes isoliert auszuarbeiten.

Die Farbigkeit wird weiter moduliert. Mit Hilfe der Finger oder einem weichen Rindshaarpinsel werden die Farben weich ineinander vertrieben und feine Farbverläufe geschaffen. So verwandelt sich z. B. das Kadmiumrot der Bänke zur Mitte hin zu einem Zinnoberrotton und läuft in etwas Krapplack aus. Dunkelheiten werden in einer Mischung von Preußischblau und Kadmiumrot eingetragen. Ganz leichte Lasuren ergeben Glanzlichter. Insgesamt betont die Lichtführung die Zentralperspektive. Die Farben werden zudem nach hinten hin heller, was die Tiefenwirkung noch verstärkt. Alle Grautöne werden aus Preußischblau, Krapplack und Grün ausgemischt. Eine solche Mischung ist immer lebendiger als eine reines Schwarz, das meist zu flach wirkt. Genau wiedergegeben wurden auch die zahlreichen Spiegelungen im Boden und der Decke des Raumes.
Format 58 x 46 cm

Zwei Stühle auf einer Balkonterrasse – Eine Fotografie als Vorlage verwenden

Immer wieder begegnet man im Urlaub oder unterwegs interessanten Motiven. Mit Hilfe schneller Skizzen in einem Skizzenbuch oder einer Fotografie können diese Eindrücke festgehalten werden, wobei eine kleine Motivsammlung entsteht, auf die jederzeit zurückgegriffen werden kann. Eine Fotografie als Vorlage für ein Bild zu verwenden ist durchaus nicht ungewöhnlich. Viele große Künstler haben mit diesem Hilfsmittel gearbeitet. Wichtig ist es jedoch, das Foto nicht einfach abzumalen, sondern in die Umsetzung eigene Ideen einfließen zu lassen. Dieses Schwarzweißfoto entstand auf einer Urlaubsreise in Miami. Durch das gleißende Sonnenlicht ergaben sich ungewöhnliche Schatten auf dem langgestreckten Balkon – ein sehr ruhiges Motiv, aus einem spannenden Blickwinkel betrachtet. In dem Ölbild sollte die Farbigkeit Miamis wieder lebendig werden.

Eine schwarz-weiße Vorstudie verdeutlicht die starke Hell-Dunkel-Struktur.

Mit sehr stark verdünnter schwarzer Acrylfarbe wird eine lineare Aufzeichnung angefertigt. Anschließend folgt eine chromoxidgrün feurige Imprimitur in Öl, mit Weiß entstehen erste Höhungen. Für eine Imprimitur einen solch kalten Ton zu wählen ist ungewöhnlich (vgl. Seite 49–50), doch entspricht er den Farben Miamis, die im grellen Sonnenlicht ausgesprochen hell und kalt hervortreten.

In diesem Stadium der Arbeit wird ausschließlich mit sehr lasierenden Farben und weichem Pinsel gearbeitet. Das von Natur aus immer etwas flach wirkende Grün wird nun mit Ultramarinblau überarbeitet. Das Bild erhält dadurch stärkere Kontraste und mehr Tiefe.

Krapplack wird mit Zinkweiß zu einem hellen Rosa ausgemischt und auf das Hochhaus im Hintergrund aufgetragen. Für den Himmel wird fast reines Coelinblau verwendet. Da im letzten Schritt deutlich wurde, dass ein Blau wirkungsvoller hervortritt als Grün, wird nun der gesamte Balkon mit Preußischblau sehr vorsichtig überarbeitet. Auch in der Balkonwand und dem Schatten des Stuhls werden ein wenig Ocker, Gelb und Orange hinzugefügt. So entsteht ein kleiner Komplementärkontrast, der die Farbigkeit belebt.

Das Blau wird weiter vertieft, um das starke Sonnenlicht hervorzuheben, Farbflächen werden in Details noch einmal aufeinander abgestimmt und Kanten und Linien in Blau nachgezogen.

Nachdem das Bild gut durchgetrocknet ist, wird über den Balkoninnenraum eine dünne Lasur aus verdünntem Firnis, der mit Goldocker eingetönt wurde, gelegt: Dadurch erhält man einen etwas wärmeren Charakter in der gesamten Farbgebung. Ganz zum Schluss werden Lichter mit Titanweiß und Dunkelwerte mit Preußischblau eingetragen. Das Bild fängt die besondere Atmosphäre des Ortes, die durch das Schwarzweißfoto noch im Gedächtnis geblieben war, ein.
Format 51 x 59 cm

Landschaft und Architektur

John Constable, Das Kornfeld, 1826.

Die Entwicklung der Landschaftsmalerei nahm erst in der Renaissance ihren Anfang. Zwar kannte man auch schon zuvor die Darstellung einzelner Naturmotive, jedoch handelte es sich dabei mehr um landschaftliche Ausstattungsstücke ohne Eigenständigkeit, die zur Verdeutlichung eines Handlungsortes herangezogen wurden. Fehlende perspektivische Kenntnisse ließen zudem nur eine flächige Raumgestaltung ohne Tiefe zu. Ein entscheidender Schritt in der Landschaftsmalerei war das Aufkommen der Zentralperspektive im 15. Jahrhundert. Die ersten reinen Landschaften ohne Figuren finden sich bei Leonardo da Vinci (1452–1519) und Albrecht Dürer (1471–1528), wobei es sich jedoch um Studien für spätere Bilder, nicht um eigenständige Landschaftsbilder handelt.

Wegbereiter zu einer Landschaftsmalerei, wie wir sie heute kennen, war erneut die niederländische Kunst. Schon früh waren es Peter Bruegels (ca. 1525/30–1569) Szenen aus dem Alltag der Hirten und Bauern, in denen die Landschaft sehr realistisch beobachtet wurde. Im 17. Jahrhundert entstand dann nach und nach die Gattung des reinen Landschaftsbildes. Die Romantik des 18. Jahrhunderts schuf idyllische Landschaften, und im 19. Jahrhundert erreichte vor allem die englische Landschaftsmalerei mit Künstlern wie William Turner (1775–1851) oder John Constable (1776–1837) einen neuen Höhepunkt. Diese setzten sich bereits mit Licht- und atmosphärischen Effekten auseinander, auf die dann die Pleinairmalerei der Impressionisten aufbaute. Der Expressionismus führte dies in ausdrucksstarken Farbspielen weiter.
Die perspektivische Raumdarstellung wurde dabei immer stärker aufgehoben. Man konzentrierte sich wieder mehr und mehr auf die Darstellung der Fläche, eine Entwicklung, die dann in der abstrakten Malerei ihren Endpunkt findet.

Natürlich war auch die Wiedergabe von Architektur eng mit der Entwicklung der perspektivischen Gesetze verknüpft, zur eigenständigen Bildgattung wurde sie erst im 17. Jahrhundert, wobei sich die Motive meist auf die Darstellung von Kirchenräumen beschränkte. Außenansichten von Gebäuden, die Darstellung von Plätzen oder Straßenfluchten sollten sich erst im Laufe des 18. Jahrhunderts entwickeln.
Bis heute sind Landschafts- und Architekturbilder festes Repertoire der Malerei. Sie bieten einen unermesslich großen Motivreichtum – einen kleinen Einblick geben die Beispiele der nächsten Seiten.

Blick aus dem Küchenfenster – Architekturmotiv in Schichtentechnik I

Architekturmotive bieten häufig spannende Verschachtelungen und Kompositionsmöglichkeiten. Besonders interessant ist der Bildaufbau dieses Beispieles, bei dem der Blick des Betrachters von einem Balkon zwischen zwei Häuserwände über einen begrünten Hinterhof zu einer Stadt im Hintergrund geführt wird. Wie man ein solche Komposition in der technischen und farblichen Ausführung aufgreift und zur Geltung bringt, zeigen die folgenden Arbeitsschritte.

Nachdem die Leinwand mit einem Ockerton getönt wurde, wird nun in Siena gebrannt mit einem Rundpinsel das Motiv aufgezeichnet. In dieser Phase wird ausschließlich mit Acrylfarben gearbeitet. Mit einem breiten Flachpinsel und Weiß entsteht eine erste Hell-Dunkel-Abstufung.

Mit dem Ölfarbauftrag beginnen wir in der Mitte des Bildes. In verschiedenen warmen (mit Gelb abgemischt) und kalten (mit Preußischblau abgemischt) Grüntönen wird der Garten in kleinen Tupfen aufgebaut.

Schritt für Schritt werden die anderen Bildteile farblich ausgearbeitet und mit immer neuen Schichten vertieft und konturiert.

Wie schon im Beispiel „Fähre nach Finkenwerder" (S. 88) gezeigt, werden auch hier alle Bildteile nacheinander gleichwertig ausgearbeitet. Man arbeitet quasi im Kreis: Nach dem Garten werden der Himmel überarbeitet, dann die Hauswände, dann das Balkongitter und schließlich beginnt eine neue Überarbeitung des Gartens. Man behält so zum einen immer den Überblick über die Gesamtwirkung des Bildes und zum anderen können die nicht bearbeiteten Flächen in der Zwischenzeit schon etwas antrocknen.
Das Bild besitzt einen sehr spannenden Aufbau: kompositionell, technisch und in der Farbwirkung. Die Verschachtelung der Häuser mit dem Blick auf die Dächer im Hintergrund ergibt eine interessante Perspektive. Das Balkongitter bildet dabei einen Rahmen, durch den die Landschaft zu einem „Bild im Bild" wird. Der Blick des Betrachters wird dadurch automatisch über den Garten in den Hintergrund geführt und so eine starke Tiefenwirkung und Räumlichkeit geschaffen.
Verstärkt wird diese Wirkung durch die Lichtführung. Das Licht kommt von oben rechts und wirft klare Schatten. In der Farbigkeit entsteht dadurch eine sehr schöne Kalt-Warm-Abstufung: Das Haus links leuchtet in einem gelbweiß abgemischten Goldocker, es wird ergänzt durch die warmen Töne des Gartens, die langsam in dunkle Schattentöne übergehen bis zu der rechten Hauswand, die in sehr dunklen Tonwerten gehalten ist. Ebenso verläuft diese Abstufung vom Vorder- in den Hintergrund. Das dunkelgrüne Balkongitter steht in einem ebenso wirkungsvollen Kontrast zu den warmen Tönen des Laubes und den roten Dächern wie der bedrohliche Himmel. Hier zieht ein Gewitter heran, oben ballen sich dunkle Wolken, während im unteren Bereich ein helles Licht auf die Dächer fällt.
Auch in der Pinselführung ist mit Kontrasten zwischen Innenraum und Umgebung gearbeitet worden. Das Laub ist in kleinen tupfenden Strichen aufgebaut, die Hausflächen und der Himmel dagegen sind fein und glatt vermalt.
Alle die hier angesprochenen Punkte sind Möglichkeiten, eine Komposition lebendig zu gestalten.
Format 48 x 69 cm

Hinterhof im Abendlicht – Architekturmotiv in Schichtentechnik II

Um in einem direkten Vergleich zu zeigen, wie unterschiedlich man in ein und derselben Technik arbeiten kann, sehen Sie nun ein weiteres Architekturmotiv, das ebenfalls in deckenden Schichten aufgebaut wurde. Im Gegensatz jedoch zu der relativ genauen und detaillierten Ausarbeitung des vorherigen Bildes, das über einige Tage hinweg bearbeitet wurde, erfolgt die Gestaltung dieses Motivs flächiger und spontaner. Eine Häuserschlucht oder ein Straßenverlauf wirken in ihrer Komposition übrigens immer spannender, wenn sie von einem ungewöhnlichen Blickwinkel aus betrachtet werden. Hier blicken wir aus der Froschperspektive, also von unten, auf die verschachtelten Häuser, über denen sich ein klarer Sommerhimmel öffnet.

Die Häuserfassaden erhalten nun einen Farbauftrag in Goldenem Ocker. Der Himmel wird erst mit Coelinblau, Zinkweiß und wenig Kobaltblau angelegt. Es soll ein sehr einfacher, klarer und dennoch leuchtender Himmel sein. Dies wird durch einen feinen Farbverlauf mit weichen Übergängen erreicht. Wir beginnen oben dunkler mit den beiden Blautönen, geben dieser Mischung immer mehr Zinkweiß zu und werden so zu den Häusern hin heller. Wenn der Himmel fertig ist, werden erneut die Häuser in den Details überarbeitet: Tiefen werden gesetzt, Fensterrahmen werden in Kobaltgrün vorsichtig eingesetzt und die Balkonstrukturen nachgezogen.

Da es sich um ein recht komplexes Motiv handelt, wurden im Vorfeld ausführliche Vorstudien angefertigt. Aber auch die Aufzeichnung mit magerer Ölfarbe (Terra di Siena natur und Roter Ocker) auf Leinwand muss sehr sorgfältig aufgebaut werden. Dann wird, noch monochrom, eine erste Hell-Dunkel-Verteilung in der Art einer Untertuschung angelegt. Der Himmel bleibt dabei ebenso ausgespart wie die Fenster, in denen er sich spiegelt.

In dieser Schichtenmalerei ist relativ zügig gearbeitet worden, mit nur einem Tag Trockenzeit und einem schnell trocknenden Malmittel. Mit sehr feinem Pinselstrich werden zum Schluss nochmals Nuancen eingetragen und Linien nachgezogen. Für eine solche Arbeit sind weiche Flach- und Rundpinsel zu empfehlen. Vor allem Rundpinsel sind für die zeichnerischen Arbeiten besonders gut geeignet. Ein allgemein gutes Hilfswerkzeug für diese Arbeiten ist auch der Malstock. Er unterstützt Handgelenk und Arm, sodass man mit ruhiger Hand gerade Linien ziehen kann, was ohne Unterstützung der Hand in dieser Genauigkeit sehr schwierig wäre.
Format 47 x 62 cm

Gut zu erkennen ist hier das Blau, das in die Fenster gesetzt wurde, um die Spiegelung des Himmels wiederzugeben. Auch die Spiegelungen der gegenüberliegenden Fenster auf der Hauswand müssen eingetragen werden, um dem Bild Plastizität zu verleihen und den Lichteinfall korrekt wiederzugeben.

Wolkenstudie – Mit Pinselspuren arbeiten

Immer wieder ist es faszinierend, den Himmel mit seinen Lichtspielen, seinem stets neuen Erscheinungsbild, seinen unzähligen Wolkenformationen und Farben zu beobachten. Gerade darum auch sind Wolkenstudien für einen Maler so spannend. In der Landschaftsmalerei nimmt der Himmelsbereich zumeist eine relativ große Fläche des Bildes ein, und er sollte daher lebendig gestaltet werden. Eine Möglichkeit bieten dabei unterschiedliche Pinselspuren.

Wenn Sie eine Landschaft vor Ort malen wollen, sollten Sie auf jeden Fall eine geeignete Staffelei verwenden. Eine Alternative bietet wie immer das Foto, nach dem man dann im Atelier weiterarbeiten kann. Es hat zudem den Vorteil, dass man sich nicht mit ständigen Wetterveränderungen im Motiv auseinandersetzen muss.

Eine Bleistift- und eine Aquarellskizze dienen als Vorlage für das spätere Ölbild.

Auf blau grundierter Leinwand wird eine Kohlevorzeichnung gesetzt und mit Titanweiß überarbeitet. Dadurch entsteht eine Graustudie, die Licht- und Schattenpartien vorgibt.

Die Hell-Dunkel-Kontraste werden nun verstärkt. Achten Sie auf die Pinselführung. Während im Himmel noch kreuzweise und tupfend gearbeitet wird, um die starken Bewegungen des Sturmes einzufangen, verläuft die Pinselführung im Vordergrund sehr gleichmäßig von links oben nach rechts unten.

Der Vordergrund wird mit immer noch sehr gleichmäßigen Pinselstrichen feiner strukturiert. In der Farbigkeit setzt sich vor allem das Gelb wirkungsvoll vom dunklen Hintergrund ab. Um eine farbliche Einheit zu erhalten, werden diese Gelbtöne auch im Himmel wiederholt.

Die Atmosphäre des langsam abziehenden Gewitters kommt vor allem in den unterschiedlichen Pinselstrukturen zum Ausdruck. Der obere unruhige Teil des Himmels wurde in fast schon kreisenden Bewegungen gemalt. Zum Horizont hin beruhigt sich der Himmel, die Pinselstriche sind hier fein von rechts oben nach links unten gesetzt worden.
Format 46 x 36 cm

Wattstudie –
Einer Landschaft Tiefe geben I

Um die Tiefe und Weite einer Landschaft wiederzugeben, sind verschiedene Aspekte zu beachten. Zum einen bewirkt die sogenannte Luftperspektive, dass wir Gegenstände mit zunehmender Entfernung in ihrem Tonwert als immer heller werdend wahrnehmen. Dies liegt daran, dass immer mehr Luftschichten zwischen dem Betrachter und dem Objekt liegen. Aus demselben Grund werden die Farben zum Hintergrund hin immer kälter, während die Farben des Vordergrundes kräftiger und wärmer sind. Natürlich wirken weit entfernt liegende Dinge auch kleiner. Zu beachten ist aber auch, dass Abstände immer geringer werden. Besonders gut zu beobachten ist dies bei regelmäßigen Mustern wie zum Beispiel bei den Schwellen von Eisenbahngleisen, deren Abstände mit zunehmender Entfernung stetig kleiner werden. Dieselben Gesetze gelten jedoch auch für relativ regelmäßige Wolkenstrukturen oder wie hier für Wellen oder Sandspuren. Für die Komposition einer Landschaft entscheidend ist auch, wo Sie die Horizontlinie ansetzen. Liegt der Horizont sehr hoch, rückt die weite Fläche der Landschaft in den Mittelpunkt des Interesses. Umgekehrt dominiert natürlich bei einem niedrigen Horizont die Darstellung des Himmels. All dies können Sie an den folgenden Beispielen sehr gut beobachten.

In einigen Skizzen wird die Landschaftsstruktur studiert.

Auf einer grün getönten Leinwand wird mit einem Flachpinsel zunächst sehr frei und locker mit weißer Ölfarbe das Muster der Wattlandschaft umrissen. Schon zu erkennen ist, dass die Flächen im Vordergrund größer und breiter sind und zum Hintergrund hin kleiner und schmaler werden.

Mit Siena gebrannt und Ocker werden die Sandflächen eingetragen, die Wasserflecken mit einer preußischblauen Kontur abgegrenzt.

Die Wasserflächen werden detaillierter bearbeitet, um die Spiegelungen des Himmels deutlich wiederzugeben.

Die im oberen Bildteil liegende Horizontlinie wurde mit einem Lineal nachgezogen. Die Farben im Vordergrund sind sehr kräftig und werden im Hintergrund immer heller und kälter, die Wasser- und Sandflächen verkleinern sich ebenso wie die Abstände zwischen ihnen. So wird die ganze Weite eines Meerblickes eingefangen. Format 53 x 45 cm

Himmel an Australiens Küste – Einer Landschaft Tiefe geben II

Eine Art Gegenstück zum vorangegangenen Beispiel sind die beiden folgenden Bilder: Der Horizont wurde hier sehr tief angelegt, um der Weite des Himmels Raum zu geben. Gleichzeitig sollte ein und dasselbe Motiv einmal zu unterschiedlichen Tageszeiten beobachtet werden, um das Spiel der Farben und die Veränderungen, die dadurch in der Bildwirkung hervorgerufen werden, zu studieren. Es ist eine interessante Erfahrung, ein Motiv in verschiedenen Stimmungen einzufangen und eine gute Übung, um sich mit Farbwirkungen, Lichtführungen und der Atmosphäre eines Ortes vertraut zu machen. Hier wurde der Himmel an der australischen Küste einmal im hellen, kühlen Morgenlicht und einmal in der feurigen Abendsonne festgehalten.

In einfachen Flächen wird mit einem großen, weichen Flachpinsel die Grundfarbigkeit angelegt: oben in Blau mit grau abgemischten Weißtönen, unten bereiten Kadmiumorange und Ultramarinblau das Rötliche des Abendhimmels vor.

Der Horizont wird eingetragen. Beim Morgenhimmel wird er mit einem Lineal gezogen, beim Abendhimmel gibt ihn eine in Preußischblau angedeutete Landschaft wieder. In waagerechten Pinselstrichen, die nach hinten hin immer enger werden, wird die Wolkenstruktur aufgebaut.

◁▷ *Die Farbigkeit wird nun verdichtet, die Wolken stärker konturiert und mit Weiß weitere Höhen eingesetzt. Am Morgenhimmel wird ein Schimmer Orange über die Wolken gezogen, um leichtes Sonnenlicht anzudeuten. Das Blau im Hintergrund wird durch kräftigeres Weiß ergänzt, die Wolken werden feiner strukturiert. Der Abendhimmel erhält durch Kadmiumorange, teilweise mit Kobaltblau gemischt, seine feurige Farbigkeit. In beiden Bildern werden die Farben zum Hintergrund hin heller und die Wolkenflächen immer kleiner, so entsteht eine starke Raumwirkung.*

▽ *Mit Kadmiumorange und Kobaltblau ist ein flammender Abendhimmel entstanden.*

▽ *Ein Schimmer Orange in der sonst kühlen blau-weißen Farbigkeit deutet das erste Licht eines heranbrechenden Morgens an.*
Format beider Bilder 36 x 29 cm

Burchardkai im Hamburger Hafen – Wasser und Wolken

Ein spannendes Motiv kann auch das Zusammenspiel von Wasser und Wolken sein. In diesem, in einer Mischtechnik aus Lasuren und halbdeckenden Schichten gearbeiteten Bild liegt der Schwerpunkt auf den vielfältigen Beziehungen zwischen dem wolkenverhangenen Himmel und der Wasserfläche. Die Höhe des Horizonts spielt eine untergeordnete Rolle; er dient lediglich als Trennungslinie. Dennoch sollte man die Horizontlinie nicht genau in der Mitte des Bildes anlegen, da zwei gleich große Flächen meist etwas langweilig wirken und der Komposition dann die Spannung fehlt.

Da das Bild in der technischen Ausführung sehr genau gemalt werden soll, wird eine fertig grundierte und besonders feine Porträtleinwand verwendet. Hier ist der erste Schritt eine Untertuschung in Grüner Erde. Da wir von Anfang an mit Ölfarben arbeiten, muss diese sehr mager sein, der Untergrund gut saugend und das Malmittel schnell trocknend, sodass man zügig arbeiten kann. Das Weiß der Leinwand wird in die Ausarbeitung der Licht-Schatten-Struktur einbezogen und für die Wiedergabe heller Flächen stehen gelassen. Schon hier sind die Beziehungen zwischen Himmel und Wasser klar erkennbar: Die Wolken spiegeln sich auf der Wasserfläche, sodass dort, wo der Himmel dunkel ist, auch auf dem Wasser Dunkelheiten eingetragen werden müssen.

△ *Die Untermalung wird verstärkt. Die Wellen erhalten deutlichere Strukturen, die im Hintergrund verschwimmen. Die Glanzlichter auf den Wellen und die Wolken werden immer kleiner. Die Kaianlage, die den Horizont angibt, wird angedeutet.*

▽ *Die Vorarbeit ist nun abgeschlossen. Mit Lasuren aus Blautönen (Coelin- und Ultramarinblau) sowie einem leichten Kadmiumorange am Horizont wird die Farbigkeit aufgebaut.*

Auch in Details ist der Lichteinfall genau zu berücksichtigen. So wurde z. B. die rechte Seite des Schiffs, das in der Sonne liegt, stark mit Weiß gehöht.

Nachdem das Bild soweit getrocknet ist, werden nun halbdeckend Tiefen und Höhen aufgesetzt. Die Kaianlage wird verstärkt. Auf der Wasserfläche schimmert an vielen Stellen die Untertuschung der Grünen Erde durch. Die Farbe wurde bewusst gewählt, um das an sich schmutzig gelblich-braune Elbwasser anzudeuten. Denn sein Blau erhält es einzig durch die Spiegelungen des Himmels. Die herausgearbeiteten Verbindungen zwischen Form und Farbe von Wolken, Himmel, Wasser und Wellen geben dem Bild eine besondere Atmosphäre.
Format 64 x 33 cm

Hamburger Hafen im Winter – Spachteltechnik

Gerade bei Himmel- oder Wassermotiven kann man, um die bewegten Strukturen von Wolken und Wellen zu formen, sehr gut mit der Spachteltechnik arbeiten. Der pastose, spontane Farbauftrag, in den man hineinkratzen und schaben kann, den man auch mit einem Spachtel wieder abheben, den man überdecken und korrigieren kann, bietet gerade in der Öltechnik vielfältige Möglichkeiten, lebendige Texturen zu modellieren.

▷ Die etwas grobe Leinwand wird mit einem Halbkreidegrund grundiert und mit Rotocker getönt. Die Aufteilung des Motivs erfolgt in einer Art Untertuschung mit Ölfarben, locker aufskizziert in Blau und Weiß.

▷▷ Nun wird die Ölfarbe im Verhältnis 1:1 mit Malbutter sowie etwas Terpentin vermischt. Die Malbutter verdickt die Farbe, die sich dann leichter mit dem Spachtel verarbeiten und verreiben lässt und beschleunigt gleichzeitig ihre Trockenzeit. Besonders große Flächen können schneller angelegt werden. Die ersten Farbflächen werden pastos aufgetragen.

△ Bei dieser Spachtelarbeit werden Horizont, Kaianlagen und das Schiff einfach überdeckt, um die Flächen freier und großzügiger bearbeiten zu können. Es ist dennoch wichtig, sie vorzuzeichnen, um sich über ihre Stellung in der Komposition klar zu werden. Die Spachteltechnik ist sehr zeitintensiv, man verwendet immer kleine Mengen Ölfarben direkt aus der Tube, mit denen man die Flächen Schritt für Schritt überarbeitet.

▷ Schiff und Kaianlage werden wieder eingetragen. Für solche Detailarbeiten empfiehlt sich ein dünner Rundhaarpinsel. Man arbeitet in kleinen, feinen Strichen und Tupfern, die jedoch sehr genau sein sollten, da Korrekturen in dieser Technik nur sehr schwer auszuführen sind.

Mit dem Spachtel werden helle Tupfer auf das Wasser gesetzt, um Eisschollen anzudeuten. Die Farbgebung wird gegen den Horizont hin heller. Der Himmel ist zwar ebenfalls gespachtelt, bietet aber einen ruhigen Gegenpol zu dem bewegten Wasser. Die Rauchfahnen der Schornsteine können mit einem Wattestäbchen eingerieben werden. An der dunklen Unterseite des Rauches sieht man, dass auch in den Details der Lichteinfall berücksichtigt wurde. Format 50 x 61 cm

Deutlich ist der expressive Farbauftrag zu erkennen. Da die Malbutter im Verlauf der Arbeit immer zäher wird, kann man ausgezeichnet – z. B. mit dem Pinselstiel oder Palettmesser – in die Farbe kratzen und harte Konturen dadurch ausgleichen. Aus der Entfernung betrachtet, werden diese Spuren wieder in einer zusammenhängenden Einheit wahrgenommen.

Am Deich – Momentaufnahme nach einem Frühlingssturm

Jede Jahreszeit besitzt ihren ganz eigenen Reiz. Farben, Licht und Atmosphäre wandeln sich, und die Natur stellt so den Landschaftsmaler vor immer neue Aufgaben. Dieses etwas ungewöhnliche Frühlingsbild entstand nach Urlaubsskizzen am Deich, in denen die eigentümliche Struktur von Sandsäcken festgehalten wurde, die man zum Schutz gegen die Flut zwischen hohem Dünengras aufgestapelt hatte.

Kleine Bleistiftskizzen halten die Komposition fest, Aquarell-, Buntstift- oder Pastellskizzen die Farbigkeit.

Eine Malpappe wird mit Grün farbig grundiert, um einen Mittelton vorzugeben. Auf einem weißen Untergrund kann man nur zum Dunklen hin arbeiten, auf einem Mittelton aber auch ins Helle. Hier ist dies sehr wichtig, da die Sandsäcke hell sind und von Anfang an mit Weiß ausgearbeitet werden sollen. Auf eine Kohleskizze wurden dann erste, sehr dünnflüssige Ölfarben aufgesetzt.

Der Zaun wird in waagerechten Strichen übermalt, um den Himmel einzutragen. Danach wird er in feinen Strichen, diesmal mit Braun, wieder eingezeichnet. Die Farbigkeit wird verstärkt und in verschiedenen Bildteilen wiederholt.

In der relativ kühlen Farbwahl ist der Winter noch zu spüren. Im Dünengras finden sich in den unterschiedlichsten Gelb- und Grüntönen jedoch auch schon wärmere Akzente in Rot- und Orangebeimischungen.

△ Dies ist sicherlich kein typisches Frühlingsbild mit warmen Farben und ersten blühenden Bäumen. Dennoch kommt in der Vielfarbigkeit des Bildes sehr gut der Kalt-Warm-Kontrast dieser Jahreszeit zum Ausdruck.

▷ Mit Höhen und Tiefen wird das noch sehr helle, blasse Licht des kühlen Frühlingstages eingefangen, was besonders gut an den Sandsäcken zu erkennen ist. Format 38 x 47 cm

Schloss Voigtsberg – Ausflug in den Sommer

Natürlich kann man die typischen Farben einer Jahreszeit auch im Atelier ohne direktes Vorbild entstehen lassen. Auf der Suche nach einem Motiv fiel dem Künstler eine alte Schwarzweißpostkarte in die Hände. Sie erinnerte an einen Sommerausflug, und daher sollte sie in ihrer farbigen Umsetzung dieser Jahreszeit angeglichen werden. In einem solchen Fall kann man sich auch einmal die typische Farbpalette eines großen Künstlers zum Vorbild nehmen. Hier wurde versucht, die Farbigkeit Paul Cézannes (1839–1906) – nach ausführlichem Studium seiner Werke – nachzuempfinden. Wie auch auf den Seiten 92–93 wurde die Vorlage bei der Umsetzung nur als Anregung für eine eigene freie Interpretation verwendet.

Das Bild soll sehr spontan in der Alla-Prima-Technik gemalt werden. Auf eine mit einem saugenden Halbkreidegrund grundierte Malpappe wird eine Kompositionsskizze mit Kohle aufgezeichnet und mit verdünnter Ölfarbe nachgezeichnet. Die Bildelemente werden dabei sehr vereinfacht und auf geometrische Formen reduziert festgehalten – eine gute Hilfestellung, um einen Überblick über ein komplexes Motiv zu gewinnen.

Mit kleinen rhythmischen Pinselstrichen, einmal von links, einmal von rechts im 45°-Winkel aufgesetzt, werden nun erste Farbflecken aufgetragen.

Die Farbigkeit wird Schritt für Schritt in warmen Tönen verdichtet. Immer die Farbpalette Cézannes vor Augen, wird die lichte Atmosphäre des Sommertages in Gelbem und Rotem Ocker, verschiedenen Grüntönen (mit Blau und Gelb abgemischt) sowie mit Weiß aufgehellten Blautönen (Ultramarin-, Coelin- und Berlinerblau) aufgebaut. Das Weiß des Untergrundes schimmert immer wieder durch und markiert die hellsten Stellen des Motivs.

Das Bild wurde mit Hilfe verschiedener Pinselstrukturen und Farbflecken aufgebaut. Die Bäume sind in einem einheitlichen Rhythmus mal von links, mal von rechts gestrichelt worden, die Häuser dagegen in senkrechter Strichrichtung gemalt worden.

Deutlich zu erkennen sind die kräftigen Grüntöne, die durch wärmere Ockertöne ergänzt werden.

Schatten und Kanten der Gebäude werden in Preußischblau nachgezogen. Der Vordergrund wird noch einmal mit Gelbem und Rotem Ocker verdichtet und korrespondiert so mit den Hauswänden und Dächern. Diese warmen Töne stehen im Kontrast zu den kühlen Farben des Hintergrundes und werden dadurch noch stärker betont. Die Bäume tragen das kräftige Grün des Sommers. Das Licht ist hell und klar.
Format 44 x 61 cm

Fischersallee – Herbstliche Blätter im Hell-Dunkel-Kontrast

Besonders schöne Farben bietet ein sonniger Herbsttag. Das Laub, in seinen gelben und roten Verfärbungen, birgt einen Reichtum unzähliger leuchtender Farbnuancen in sich. Um diese, ebenso wie die Struktur des Laubes, wiederzugeben, ist die pointillistische Technik besonders gut geeignet. Das Bild gibt den Blick aus dem Atelierfenster des Künstlers wieder. Der gelblich gefärbte Baum stand im wirkungsvollen Kontrast zur im Schatten liegenden Straße, wodurch die Idee zu diesem Bild entstanden ist.

Die Leinwand wird in einem warmen Rotocker mit stark verdünnter Temperafarbe getönt. Dieses bietet sowohl eine gute Ausgangsbasis für das helle Gelb des Baumes wie auch das dunkle Blau der Straße. Mit einem weichen Flachpinsel und sehr dünnflüssiger Ölfarbe werden in Paynesgrau die Kompositionslinien aufgezeichnet.

Tupfend werden gleichmäßig in alle Bildteile erste Farben gesetzt. Diese gleichwertige Behandlung des Gesamtbildes ist sehr wichtig. Jedes Bild sollte immer so gemalt sein, dass das jeweilige Stadium in sich abgeschlossen wirkt. Nur so kann man planvoll weitermalen.

Die Farbigkeit wird stufenweise verstärkt. Dabei kommt es weniger auf die Wiedergabe der Realität an, als vielmehr auf die Verteilung der Farbflächen, die typische Farbigkeit und Atmosphäre des Herbsttages sowie die deutliche Hell-Dunkel-Struktur. Wichtig sind hierfür die kräftigen weißen Lichter.

Auch die Häuser im Hintergrund sind flächig und tupfend gearbeitet. Aus der Ferne betrachtet, ziehen sich diese Tupfen zu einer Fläche zusammen, und der Eindruck eines einheitlichen Stadtbildes entsteht.

Ein lebendiges Straßenbild ist entstanden. Der starke Kontrast zwischen sehr dunklen und sehr hellen Bildteilen, die fluchtenden Linien der Häuserreihen und der Straße sowie der schräg in das Bild hineinragende Baum – all dies sind Elemente, die eine spannende Komposition ergeben. Format 53 x 45 cm

Die Autos wurden in verschiedenfarbigen kleinen Tupfen in ihrer Form kaum erkennbar angedeutet. Kleine rote Striche geben z. B. die Bremslichter wieder.

Neuenfelde – Dämmerung in einer Winterlandschaft

Welche Ausdrucksstärke eine fast in „schwarz-weiß“ gearbeitete Winterlandschaft besitzen kann, zeigt dieses Bild. Der Zauber eines tief verschneiten Dorfes wurde darin eingefangen. Lebendig wird das Bild durch seine interessante Komposition sowie die verschiedenen Pinselspuren und Techniken.

Nach einer Rotocker-Tönung in Acryl wird mit weißer Kreide die Bildaufteilung angelegt. Der Horizont liegt etwas unterhalb der Bildmitte, der Himmel soll sehr weit sein. Die Häuserreihe bricht den Horizont auf, die Bäume verlaufen in einer leichten Diagonale, wodurch der Bildaufbau Spannung erhält. Ein kleiner Graben trennt die Baumreihe vom schneebedeckten Vordergrund.

Schon in der Aufzeichnung wurde deutlich, dass die Bewegung des Motivs in der Mitte liegen wird, umgeben von zwei ruhigen Flächen.
In die Untermalung mit stark verdünnter Ölfarbe werden die ersten Farbflächen eingetragen: reines Weiß für den Vordergrund und die Lichthöhungen, kühles Blauweiß im Himmel und Preußischblau für die Struktur der Baumreihen.

In mehreren Schichten werden immer dickere Farbschichten aufgetragen. Der Vordergrund wird gespachtelt, der Hintergrund im Kontrast dazu fein vermalt. Das Weiß im Vordergrund leuchtet dadurch stärker, während der Himmel zurücktritt. Sehr lebendig werden der Graben – als einzige farbige Komponente – und die Baumreihen strukturiert: Hier wird mit dem Pinselstiel und dem Palettmesser gekratzt, um den Rhythmus der Baumreihen technisch aufzugreifen, Farbe weggenommen, neue aufgetragen und immer neu gespachtelt.

In besonders feinen Grauwerten sind Licht und Schatten ausmoduliert. Die Farben wurden weich vermalt, wodurch sich ein wirkungsvoller Kontrast zu den starken Strukturen der Bäume ergibt. Die Häuser sind im Tonwert etwas heller als der Himmel und setzen sich so von diesem ab.

Im Graben finden sich Ocker, Veroneser Grün, Kadmiumrot und Orange, im Kontrast zu dem Kobaltviolettton der Bäume. Es bildet sich eine klare Trennungslinie zum Vordergrund, der zu einer ruhigen Fläche „verspachtelt" wurde, während sich in der Plantage starke Strukturen finden.

Das fertige Winterbild ist trotz der großen weißen Flächen voller Lebendigkeit. Eine wichtige Rolle spielen dabei die gelben, warmen Farbtupfen im Graben vor den Bäumen. Sie stehen in einem wirkungsvollen Komplementär- und Kalt-Warm-Kontrast zum Blau-Violett ihrer Umgebung.
Format 72 x 61 cm

Bildnis und Akt

Henri Toulouse-Lautrec, Weiblicher Akt vor dem Spiegel, 1987.

Das Bildnis bzw. das Porträt, die Wiedergabe eines Menschen, besitzt eine Tradition, die bis in die Frühzeit zurückreicht. Aus der Antike ist das Totenbildnis bekannt, das den Verstorbenen ins Grab mitgegeben wurde. Später traten das Ehrendenkmal sowie das Herrscherbildnis hinzu, die neben einer Idealisierung ins Heroische auch das Individuelle des Modells zu erfassen suchten. Ganz einem stilisierten Schönheitsbild mit bewusster Idealisierung zum Jugendlichen unterworfen war dagegen das Mittelalter. Erst das späte 14. Jahrhundert beschäftigte sich erneut mit der individuellen Ähnlichkeit. Einer der größten Maler dieser Zeit war Jan van Eyck (um 1390–1441), der seine Modelle sehr sachgetreu abbildete. In den Niederlanden waren es später Maler wie Peter Paul Rubens (1577–1640), Anthonis van Dyck (1599–1641) und Rembrandt Harmensz van Rijn (1606–1669), die das Bildnis mit neuen Inhalten füllten. Gerade Rembrandt schuf beeindruckende Einzel-, Gruppen- und Selbstbildnisse, in denen es ihm gelang, die Personen – und natürlich auch sich selber – psychologisch zu ergründen.

Die Kunst des 19. und 20. Jahrhunderts hat eine Fülle unterschiedlichster Bildnisse hervorgebracht. Das Spektrum reicht von den Milieustudien eines Henri Toulouse-Lautrec (1864–1901) bis zu den in Flächen aufgelösten Porträts der Kubisten.

Unterschieden vom Bildnis wird der Akt. Schon die frühen Hochkulturen kannten den Akt, wobei er vor allem in der griechischen Kunst eine hohe Blüte erreichte. Das Mittelalter akzeptierte den Akt nur in Darstellungen religiöser Themen, wie zum Beispiel bei Adam und Eva. Die Darstellungsform ist dabei stark stilisiert, zumal es lange verboten war, nach lebenden Modellen zu arbeiten und man sich so nach Vorzeichnungen richtete, die in Mustersammlungen überliefert wurden. In der Renaissance dagegen wurde das unmittelbare Aktstudium zum künstlerischen Ausbildungsfach. Neben religiöse Themen traten auch mythologische Motive, wie zum Beispiel die Venusdarstellung, die die Grundlage für die Akte Rubens' bildete. Das 19. Jahrhundert befreite sich von thematischen Einschränkungen und übte im Akt auch Gesellschaftskritik. Dargestellt wird das geschundene Individuum, dessen Leiden im Körperlichen zum Ausdruck kommen. So hat sich jede Zeit im Bildnis mit dem ihr eigenen Menschenbild auseinandergesetzt. Heute ist das Bildnis zwar etwas durch die Fotografie verdrängt worden, für den Maler bleibt es jedoch nach wie vor eine interessante Herausforderung.

Selbstporträt I – Mit einem Raster arbeiten

Wenn man sich mit dem Malen von Menschen – sei es nun der ganzen Figur oder einem Porträt – beschäftigen will, sollte man sich zunächst in Skizzen und Übungen ein wenig mit der menschlichen Anatomie vertraut machen. Sofern man nicht an einem entsprechenden Kurs teilnimmt, ist es häufig allerdings nicht leicht, ein Modell zu finden. Bitten Sie Freunde und Verwandte um Hilfe oder malen Sie sich einfach selbst. Das Selbstporträt ist eine ausgezeichnete Übung, und viele berühmte Künstler haben sich immer wieder im Selbstporträt festgehalten.

Es ist eine gute Hilfe, mit einem Raster zu arbeiten. Nehmen Sie einen Spiegel, und spannen Sie mit Bindfäden ein quadratisches Raster, wie Sie es auf dem Foto sehen.

Ein Raster mit ebenso großen (oder proportional kleineren oder größeren) Quadraten wird (hier mit Kohle) auf die Leinwand gesetzt. Nun können Sie immer vergleichen, welche Linien in welchem Quadrat liegen müssen, und erhalten so die richtigen Proportionen. Die Vorgehensweise kann man natürlich auch zum Übertragen eines Motivs von einer Fotovorlage o. ä. anwenden, indem man diese unter ein Raster legt. In mehreren Schritten wird das Motiv so Quadrat für Quadrat immer genauer übertragen.

Mit weichem Flachpinsel wird aus Böhmischer Erde und Weiß eine Hell-Dunkel-Untermalung in stark verdünnter Ölfarbe angelegt.

Die Farbigkeit nimmt langsam zu. Dabei wird jedoch nicht auf die realen Farbtöne geachtet, sondern frei und locker eine eigene farbige Interpretation gewählt.

Zu erkennen sind die kühlen Farbtöne und die großzügigen Pinselstriche, mit denen Kleidung und Raum gemalt wurden.

Licht und Schatten werden verstärkt. Das Bild ist in sehr lockeren Strichen aufgebaut, einzig das Gesicht wird detaillierter und feiner modelliert. Es steht so in lebendigem Kontrast zum Raum und tritt in den Mittelpunkt des Interesses. Mit Preußischblau, Rotem Ocker und Titanweiß wird eine sehr helle Fleischfarbe ausgemischt. Das Gesicht besitzt eine ebenso kühle Tönung wie das gesamte Bild.
Format 45 x 61 cm

Selbstporträt II – Studien mit reduzierter Farbwahl

Um sich genauer mit dem Malen von Menschen zu beschäftigen, ist es sehr empfehlenswert, neben den schon auf den Seiten 40–47 gezeigten Vorarbeiten, einige Studien in stark eingeschränkter Farbigkeit anzufertigen. Dies hat den Vorteil, dass man sich nicht von der Wiedergabe der Farben ablenken lässt, sondern sich ganz auf das Erfassen von Hell-Dunkel-Werten und Formen konzentriert. Man kann in diesen Studien auch gezielt einzelne Körperteile herausgreifen, eine Hand studieren oder ein Bein. Da diese Seiten das Porträt zum Thema haben, stehen hier natürlich Kopf und Gesicht im Mittelpunkt.

Weil in Studien sehr viele Korrekturen ausgeführt werden müssen, sollte man einen sehr stabilen Bildträger mit einer guten Grundierung wählen, eine feste Leinwand oder eine feste Malpappe. Die eingesetzten Ölfarben sind Schwarz, Weiß und Ocker. In einem ersten Schritt werden Kompositionslinien eingetragen und mit Weiß immer wieder korrigiert.

Nun werden auch erste Flächen angelegt, aber auch einzelne Linien der Gesichtsform herausgearbeitet. Immer wieder wird korrigierend eingegriffen: Sie sollten auf keinen Fall Hemmungen haben, neben nicht ganz gelungene Linien einfach neue zu setzen und an ihrer Komposition so lange zu feilen, bis Sie ein befriedigendes Ergebnis erzielen.

Als vierte Farbe tritt ein roter Erdton für die Weste und einige Linien im Hintergrund hinzu. Mit breitem Pinsel wird der Hintergrund gestaltet und dabei von außen gegen die Form der Gestalt gearbeitet.

Der Hintergrund wird weiter aufgebaut. Um Strukturen zu gewinnen, wird mit dem Pinselstiel in die Farbe gekratzt. Auch im Gesicht ist mit Kratzspuren gearbeitet worden.

Wieder wurde das Gesicht feiner modelliert als der Hintergrund und dadurch hervorgehoben.

Rillen und Vertiefungen wurden mit dem Pinsel oder Palettmesser in die Farbe gekratzt.

Immer wieder werden weitere Farben pastos aufgetragen und direkt auf dem Malgrund vermischt. Es wird gekratzt, gespachtelt, und mit dem Finger gerieben. Den Farben wird ein schnell trocknendes Malmittel beigegeben, um zügig weiterarbeiten zu können. Manchmal wurde das Bild aber auch mehrere Tage trocknen gelassen, um auf den angetrockneten Schichten weiterarbeiten zu können.
Format 45 x 63 cm

Uncle Hermann – Ein Porträt im klassischen Aufbau, Lasurtechnik

In den beiden ersten Porträtbeispielen wurde sehr locker, frei und expressiv gearbeitet. Nun aber soll ein ganz klassisches Porträt in Lasurtechnik vorgestellt werden. Für ein solches Bild benötigt man jedoch einige Zeit und Geduld. Die Arbeit geht nur langsam voran, da viele Trockenphasen einkalkuliert werden müssen, um die Farbigkeit stufenweise aufzubauen. Hier ist es „Uncle Hermann", ein in Australien lebender Onkel und Freund des Künstlers, der sich dazu bereit gefunden hat, Modell zu sitzen.

△ Für ein solch exaktes Porträt, wie es hier geplant ist, sind sehr viele Skizzen vor dem Modell notwendig. Zunächst wird der Kopf auf eckige Grundformen reduziert und mit Kohle auf einem einfachen Papier skizziert.

▷ Die Skizze wird nach und nach genauer ausgearbeitet.

▷▷ Mit Schraffuren werden Dunkelheiten eingetragen, der Kopf gewinnt so an Plastizität. Diese detaillierte Vorzeichnung dient nun als Vorlage für die eigentliche Ölmalerei.

Um die Vorzeichnung übertragen zu können, wird ein einfacher Trick angewandt. Man legt ein stabiles Pergamentpapier, das eine raue und eine glatte Seite besitzt, mit der rauen Seite auf die Skizze und fixiert es mit Malerkrepp oder Heftzwecken am Außenrand. Auf der glatten Seite wird nun mit Tusche, Tinte oder Filzstift die Vorzeichnung durchgepaust. Dann wird das Pergamentpapier abgenommen, umgedreht und die raue Seite mit Kohle geschwärzt. Überschüssiger Kohlenstaub wird weggeblasen.
Nun wird diese geschwärzte Seite auf die grundierte Leinwand gelegt und wiederum fixiert. Mit einem harten Zeichenstift oder auch einem Kugelschreiber werden die Konturen der Zeichnung systematisch von oben links nach unten rechts nachgezogen, wobei Kohlelinien auf die Leinwand durchgedrückt werden. Bei diesem Vorgang sollte die Leinwand noch nicht aufgespannt sein, sondern auf einem festen Untergrund liegen, da man hier mit einem gewissen Druck arbeiten muss, damit die Kohlelinien sichtbar werden. Dabei könnte eine aufgespannte Leinwand leicht beschädigt werden. Anschließend wird der Kohlestrich mit sehr dünner Tempera- oder Acrylfarbe nachgezogen. Überschüssiger Kohlenstaub wird abgebürstet.

Die so entstandene Aufzeichnung wird mit einer Imprimitur aus dünner Goldocker-Ölfarbe fixiert.

In der nun folgenden Untermalung werden mit Eitempera in Weiß und Goldocker die Hell-Dunkel-Werte des Bildes komplett ausgearbeitet.

△ Nun folgen die ersten dünnen (mageren) Öllasuren. Eine Mischung aus Zinkweiß und Chromoxidgrün bildet den Hintergrund. An den dunklen Stellen der Haare und des Hemdes wird Graublau lasiert, das aus einer Mischung von Preußischblau, Krapplack und Weiß besteht. Das Gesicht wird mit Goldocker lasierend übergangen. Weil Uncle Hermann in Australien lebt, ist er sehr braun gebrannt, die Gesichtsfarbe daher ungewöhnlich dunkel.

◁ Die Farbigkeit wird, mit Trockenpausen von zwei bis drei Tagen, nun Lasur für Lasur aufgebaut. Der Hintergrund wird immer dunkler. Im Gesicht wird für die Dunkelheiten etwas Preußischblau über die Goldockerlasur gelegt. Auch ein wenig Krapplack und einige Weißhöhungen werden mit dem Pinsel aufgetupft oder mit dem Finger verrieben, z. B. auf der Stirn. Man malt diese Feinheiten eigentlich nicht mehr, sondern verreibt die Farbe in sanften Übergängen, fast als würde man das Gesicht schminken. Ganz leicht wird in die Falten mit einem feinen Pinsel eine Lasur aus dunklem Krapplack und Preußischblau eingesetzt. In den Haaren ist der Pinselstrich zu erkennen, er gibt die weißen Strähnen wieder – eine schwierige, stufenweise Aufbauarbeit.

▷ Sie erkennen die feinen Pinselstriche der Haare, die leichten preußischblauen Linien der Falten und die feine Modulation der Gesichtsfarbe.

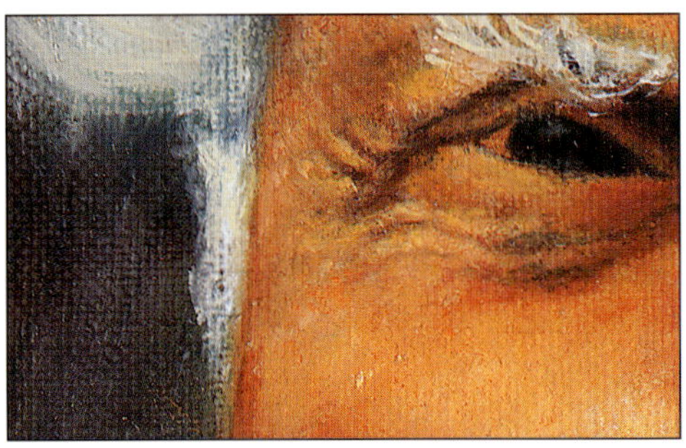

Der Rotcharakter des Gesichtes wird mit pudrigen Weißlasuren abgemildert. Das Haar hat noch mehr Strähnen bekommen. Der Hintergrund ist nun in einer Krapplack-Preußischblau-Mischung dunkel getönt worden, um das Motiv stärker in den Vordergrund treten zu lassen. Ganz zum Schluss werden mit einem weichen Rindshaarpinsel und einem Marderhaar-Rundpinsel mit Eitempera kleine Feinheiten aufgesetzt. Format 43 x 55 cm

Porträt eines Freundes – Ein Bild in einer Sitzung anfertigen

Sollte Ihr Modell nicht so viel Zeit und Geduld aufbringen, wie sie für eine klassische Lasurtechnik nötig ist, kann man ein Bild in nur einer Sitzung anfertigen. Das Porträt von Hans B. hat ungefähr einen halben Tag gedauert und ist in einer Mischtechnik aus Acryluntermalung und Öllasuren aufgebaut worden.

△ *Mit sehr hellem Kadmiumrot werden Tiefen und der Hintergrund festgelegt. Die Hell-Dunkel-Struktur wird so verstärkt und damit die Acryluntermalung abgeschlossen.*

▷ *Auf die fertig grundierte Leinwand wird mit Acrylfarbe – Roter Erde und Umbra – in leichten Strichen die Vorzeichnung aufgetragen. Mit Weiß werden Korrekturen vorgenommen. Diese Vorzeichnung sollte relativ genau ausgearbeitet werden und kann daher ruhig etwas Zeit in Anspruch nehmen.*

▷ *Das gesamte Bild wird zuerst mit magerer Ölfarbe in Lasuren aus Preußischblau und Krapplack überarbeitet. Immer wieder lässt man die Untermalung durch die Lasuren hindurchschimmern, damit sie zum Farbenspiel beiträgt. Vor allem im Pullover ist dies gut zu sehen, der dadurch sehr lebendig wirkt. Mit Titanweiß werden erste Höhen angegeben, an manchen Stellen bleibt jedoch auch das Weiß der Leinwand stehen.*

Um Helligkeiten besser hervorheben zu können und einen leichten, lockeren Farbauftrag nachzubilden, wird abschließend in die Farbe hineingekratzt. Allerdings ist dem Künstler ein kleiner Fehler unterlaufen. Das Format des Bildes ist etwas zu klein geworden und füllt die Leinwand nicht aus. So etwas kann bei einer schnellen Arbeit, direkt vor dem Modell, leicht passieren. Das Bild wurde dennoch fertig gemalt. Im Nachhinein kann man das Format dann genau ausmessen, das Bild vom Keilrahmen nehmen, einen neuen Rahmen kaufen und das gesamte Werk im nun passenden Format neu aufspannen. Format 60 x 50 cm zu groß, 41 x 51 cm neu

Im Pullover, Kragen und Hals kann man deutlich den Farbwechsel vom weißen Bildgrund über die orangefarbige Untermalung bis hin zu den preußischblauen Lasuren erkennen. Alle Stufen der Arbeit wirken in der Farbigkeit zusammen.

Junges Mädchen – Extremes Hochformat

Bestehen hinsichtlich des genauen Formats noch Unsicherheiten, kann man diese in einer schnellen Ölskizze auf Papier klären. Hier musste festgestellt werden, dass das gewählte Format zu klein ist, Füße und Arm wurden abgeschnitten.

Es ist sehr wichtig, das richtige Format für ein Bild und eine Komposition zu finden. Ein gute Übung, sich über Formate und ihre Wirkungen klar zu werden, ist es, ein und dasselbe Motiv in verschiedenen Bildgrößen zu malen. Bei dem Motiv „Interieur mit Mädchen" bestand die Überlegung, in einem extremen Hochformat zu arbeiten. Um dies auszuprobieren, wurde vorher ein schnelles Ölbild angefertigt.

Nun besteht Klarheit über die Größe der Leinwand. Auf diese wird mit Ölfarbe in Indigoblau die Kompositionsskizze aufgezeichnet.

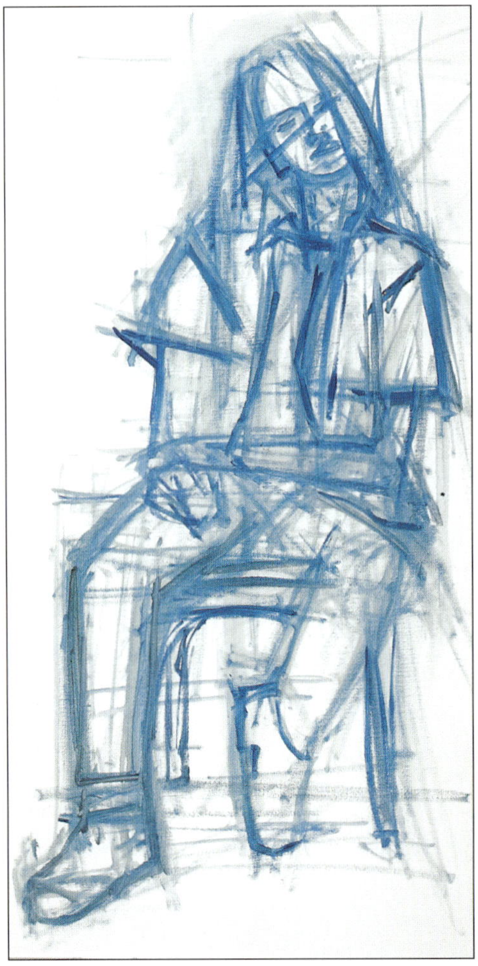

Ein solch schnelles Ölbild bietet Gelegenheit für Experimente. Der Hintergrund wurde in hellem Zinnoberrot angelegt. Da die Farbe jedoch zu dick bzw. zu fett war und der Tonwert unpassend erschien, wurde sie mit einem Lappen einfach wieder ausgewischt. Im Gesicht wurde ein Chromgelb gesetzt, das sich mit der blauen Untermalung zu Grün mischte. Aber auch dies wirkt falsch und wird wieder entfernt.

Relativ dickflüssig wird nun „alla prima" die Hautfarbe auf die abgewischten Stellen gelegt. Für die Kleidung werden Indigo- und Preußischblau verwendet, in den helleren Stellen mit Titanweiß ausgemischt. Im Hintergrund wird doch wieder Zinnober eingesetzt und mit einem Lappen in Richtung Figur gewischt, sodass um sie herum ein etwas stärkerer Farbton entsteht. Solche Wischeffekte kann man allerdings nur auf einer sehr feinen, glatten Leinwand erzielen. Ein Chromgelb auf dem Fußboden deutet den Schatten an. Das Bild hat bewusst den Charakter des Unfertigen behalten, vor allem im Vordergrund, der dadurch mit der lockeren Malweise der Kleidung verbunden wird.
Format 36 x 68 cm

Kinderporträt – Ein Kinderbild realistisch erarbeiten

Wenn man kleine Kinder möglichst realistisch malen möchte, kann man auf einen Einsatz der langwierigen Lasurtechnik nicht verzichten. Da diese jedoch einige Zeit in Anspruch nimmt und gerade kleine Kinder nicht sehr lange Modell sitzen können, empfiehlt es sich, nach Fotografien zu arbeiten.

Das Motiv wurde vom Foto abgepaust (vgl. S. 133) und auf feinste Porträtleinwand übertragen. Nun wird die Linienführung mit einem kleinen Marderhaarpinsel und einem Ockerton in Aquarell fein nachgezogen.

Mit einem schnell auftrocknenden Malmittel aus dem Fachhandel vermischt, wird jetzt in einem rötlichen Ocker ein erster dünner Ölfarbauftrag angelegt. Das Weiß der Leinwand wird teilweise noch stehen gelassen, um die helleren Stellen zu markieren. Das Gesicht wird fein vorgearbeitet, da die Übergänge in der Ockertönung weich sein müssen, um später die zarte Kinderhaut ausmodulieren zu können. Deshalb werden die Farben schon hier mit trockenem Pinsel oder dem Finger zu einem sehr gleichmäßigen Auftrag vertrieben und so weiche Übergänge geschaffen.
In einem nächsten Schritt werden die Tiefen mit einem dunklen Rotocker verstärkt, mit Zinkweiß die Helligkeiten. Das Bild muss in diesem Stadium schon fast fertig erscheinen, da sich der Grundaufbau durch die späteren Lasuren nicht mehr viel verändern wird. Nun lässt man das Bild 3–4 Tage durchtrocknen.

Eine Fotografie des kleinen Mädchens dient als Vorlage.

Sie sehen die weichen Übergänge der Hautfarbe von fast Weiß an den Stellen, die am stärksten im Licht liegen, bis zu dunklen Partien in Krapplack und Rotem Ocker. Die Wimpern wurden erst ganz zum Schluss deckend aufgesetzt.

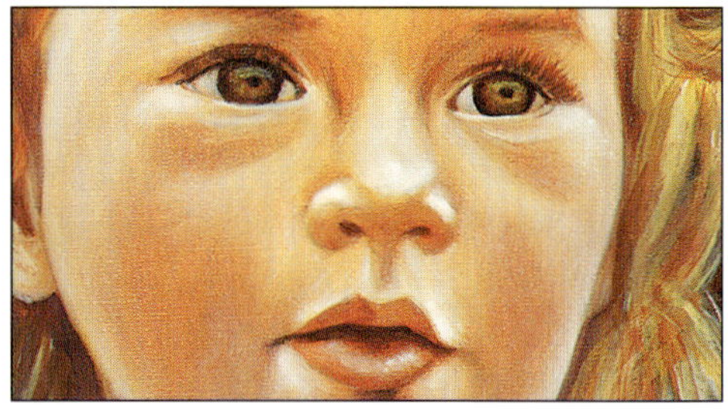

▽ *Mit weiteren Lasuren, vor allem in der Kleidung, wird die Farbigkeit nochmals verstärkt. Im Vordergrund wird ebenfalls halbdeckend gearbeitet. Format 29 x 36 cm*

Nach dem Trocknen werden im Hintergrund und am Halstuch erste dünne Lasuren in Indigo- und Preußischblau angelegt. Um den „rosigen" Gesichtston aufbauen zu können, wurde – allerdings in nur sehr geringer Menge – heller Krapplack eingesetzt. Gearbeitet wird mit einem sehr weichen Rindshaarpinsel oder weichen, für die Ölmalerei geeigneten Synthetikpinseln. Das Gesicht wird jetzt in kleinen Schritten farbig aufgebaut, und wieder ist es mehr ein Schminken als ein Malen. Etwas Titanweiß wird vorsichtig, zum Teil mit den Fingern und einem Lappen, verrieben, um die Weichheit der Haut zum Ausdruck zu bringen. In die Augen wird eine leichte Gelblasur mit rötlichem Neapelgelb gelegt. In Verbindung mit der darunterliegenden Rotockerlasur entsteht so ein warmer Glanz in der Iris, die Pupillen aber bleiben dunkel. Bei Augen muss besonders der Winkel des Lichteinfalls beachtet werden. Es kommt hier von oben, daher wird das obere Augenlid nach innen hin dunkler und das untere etwas heller: So entsteht eine Räumlichkeit im Auge. Ebenso liegt beim Mund ein hellerer Glanz auf der Unterlippe als auf der Oberlippe. Bei den Haaren wird halbdeckend mit einem dünnen Rundhaarpinsel und einer Mischung aus gelbem Ocker und Weiß Strähne für Strähne nebeneinander gesetzt.

Frauenakt – Komposition in Rot

Von links nach rechts: lineare Vorzeichnung mit dünner Acrylfarbe.

Hell-Dunkel-Untermalung in Goldocker (magere Ölfarbe), das Weiß der Leinwand wird für helle Stellen ausgespart.

Vertiefung der Untermalung mit Rotocker-Abstufungen.

Lasuren kleiner Mengen Karminrot und Krapplack werden hauchdünn bis zu fünf Schichten übereinander gesetzt, um einen kräftigen Rotton zu entwickeln. Um ihn wärmer wirken zu lassen, wird zum Schluss eine Lasur aus transparentem Gelb aufgetragen.

Gegenüberliegende Seite: Mit gelblich bis rötlichen Lasurschichten und etwas Firnis wird das Braun im Hautton nachempfunden. Preußischblaue Lasuren über dem Krapplack des Faltenwurfes ergeben einen Lilaton. Tiefen werden mit Preußischblau lasiert, Höhen mit Titanweiß. Format 29 x 36 cm

Für die Aktmalerei sind gute anatomische Kenntnisse des menschlichen Körpers unerlässlich. Dem Anfänger empfiehlt sich daher der Besuch eines Aktzeichenkurses, wie er zum Beispiel an Volkshochschulen angeboten wird. Wollen Sie Ihren Akt realistisch nachempfinden, müssen Sie in der Lasurtechnik arbeiten. Nur sie erlaubt eine wirklich feine Modulation in den Hautfarben. Dieser Frauenakt wurde ebenso aufgebaut wie das Kinderbild auf den vorangegangenen Seiten; die Schritte sollen daher nicht im einzelnen ausführlich wiederholt werden. Das Besondere des Bildes liegt in seiner Farbigkeit: In vielen Lasuren wurden die verschiedenen leuchtenden Rotabstufungen aufgebaut. Mit keiner anderen Technik kann man solche wunderbaren Farbeffekte erzielen.

Freie Frauenakt-Studie – Die Wirkung einer anderen Technik

Immer wieder ist es interessant, dasselbe Motiv auch in verschiedenen Techniken, Blickwinkeln oder Formaten zu malen, um die unterschiedlichen Bildwirkungen vergleichen zu können. Im Gegensatz zu der fast fotorealistischen Arbeit der vorherigen Seiten, wurde dieser Frauenakt in einer schnellen expressiven Studie ausgearbeitet.

Die Genauigkeit der Anatomie wird hier vernachlässigt. Wichtig ist das Zusammenspiel von Figur, den roten Farbflächen und dem Faltenwurf der Decke. Nach einer Vorzeichnung werden in Blautönen sowie einem dunklen Zinnoberton und Geraniumlack erste Farben eingesetzt.

Schraffuren in Gelb geben den Falten Plastizität, und im gesamten Bild werden nass in nass verschiedene Farben mit schwungvollen Strichen aufgetragen. Es wird bewusst mit den Farbmischungen gespielt, die dabei auf der Leinwand entstehen. Zinnoberrot mit sehr viel Titanweiß gemischt ergibt die Hautfarbe. Der Hintergrund in Preußischblau deutet das Bettende an, wodurch die Komposition stabilisiert und eine Beziehung zum Schatten der Figur aufgebaut wird.

Die Farbigkeit der Bettwäsche wird mit starken Blau- und leichten Rottönen weiter verdichtet. Mit Titanweiß werden deutliche Lichter eingetragen.

▷ Mit weichen Pinseln werden die Ölfarben feiner vertrieben und die Arbeit in den Details vervollständigt, wie z. B. an den Händen, die durch ein Titanweiß mit leichtem Gelb-Zinnober-Klang weiter gehöht werden. Die Haare werden noch dunkler, das Gesicht ist so kaum noch erkennbar. Format 60 x 50 cm

Die Farben von Hintergrund und Bettlaken sind dünn aufgetragen und weich vermalt worden.

Die Bettwäsche ist im Gegensatz dazu mit stärkeren Pinselspuren strukturiert worden.

Tiere

Paulus Potter, Die Melkerin, Öl auf Holz, 1648.

Zu allen Zeiten war die Beziehung zwischen Mensch und Tier sehr eng und vielfältig. Das Tier bot und bietet dem Menschen Nahrung und bildet damit eine der Lebensgrundlagen des Daseins. Zugleich aber ist das Verhältnis zu Tieren mit den verschiedensten Emotionen verbunden: Angst, Kampf, Verehrung, Anbetung, Bewunderung und Liebe – all dies sind Gefühle, die bis heute unverändert in allen Kulturen anzutreffen sind.
Schon die Höhlenmenschen ritzten Tierumrisse mit Flintstein auf Felswände, ein Ritus, der ihre Jagd erfolgreich verlaufen lassen sollte. Voll magischer Beschwörung war die Darstellung von Tieren im frühen Ägypten, in dem zahlreiche Tiere als Götter verehrt wurden oder tierähnliche Gestalten – man denke an die Sphinx – angebetet wurden. Aber auch Nutztiere wurden dargestellt. Ihr Besitz demonstrierte Macht und Reichtum, und so findet sich in manchen Gräbern die Darstellung ganzer Herden, die den Rang des Verstorbenen zum Ausdruck bringen sollten. Im religiös geprägten Mittelalter wird das Tier als christliches Symbol dargestellt, zum Beispiel in Form des Lammes (für Christus) oder der Taube (Heiliger Geist). Mit dem neuen Forschungsgeist der Renaissance, der nach objektiveren Ansichten strebte, veränderte sich dann die Tierdarstellung. Berühmt sind die genauen und detaillierten Tierbilder Albrecht Dürers (1471–1528), die wissenschaftlichen Illustrationen gleichkommen. Mit äußerster Genauigkeit malte auch der holländische Maler Paulus Potter (1625–1654), der meist in kleinen Formaten sehr realistische Tierbilder schuf.
Das 19. und 20. Jahrhundert entfernten sich von dieser Sachlichkeit. Häufig konnte das Tierbild nun auch wieder symbolträchtigen Charakter annehmen.
Tiere können auf unterschiedlichste Weise dargestellt werden. Der zoologische Garten oder das Haustier bieten interessante Motive, zumal wenn ein persönlicher Bezug zum „Modell" vorhanden ist. Hier sind es die Pferde, die den Künstler – selber ein passionierter Reiter – besonders faszinieren.

Dustin – Ein klassisches Pferdeporträt

Dieses Bild folgt der Tradition der englischen Pferdemalerei: Das Pferd steht in klassischer, offener Form in einer imaginären Landschaft. Dabei kann man die Landschaft entweder frei erfinden, oder man greift auf Landschaftsskizzen zurück, die man einmal angefertigt hat, und verbindet sie mit den Skizzen vom Tier zu einem neuen Motiv. Auch in dem folgenden Bild wird übrigens so verfahren. Da Tiere selten geduldig Modell stehen, empfiehlt es sich meist, neben Skizzen auch mit Hilfe von Fotografien zu arbeiten. Die Entwicklung der Fotografie war es übrigens auch, die es dem Menschen zum ersten Mal ermöglichte, schnelle Bewegungsabläufe von Tieren in einzelnen Phasen festzuhalten und so nachvollziehen zu können. Denn das menschliche Auge ist nicht in der Lage, solche schnellen Bewegungen zu erfassen.

Eine der vielen notwendigen Vorarbeiten ist diese genau ausgearbeitete Hell-Dunkel-Studie. Dabei kommt es vor allem auch darauf an, die Lichter und Schatten auf dem glänzenden Fell festzulegen. Ihre Modulation erst gibt dem Pferdekörper Plastizität.

▷ Um das Fell des Pferdes in seiner ganzen Feinheit wiedergeben zu können, wird mit der klassischen Lasurtechnik gearbeitet. Nach der Aufzeichnung auf die Leinwand wird diese mit einer Imprimitur fixiert. Mit weichem Pinsel werden mit Temperaweiß erste Höhen eingetragen und mit besonders heller Grüner Erde die Tiefen nachgearbeitet.

▷▽ Die farbige Ausarbeitung beginnt zunächst im Hintergrund. Der Baum wird in verschiedenen Grüntönen sehr fein gestrichelt. Der Pferdekörper wird mit hellem Ocker für die helleren Stellen bis zu Terra-di-Siena-Tönen für dunklere Stellen langsam aufgebaut. Um den Glanz des Fells wiederzugeben, wird immer nur sehr wenig Farbe aufgetragen und diese dann mit einem weichem Marderhaarpinsel glatt vertrieben. Man wedelt dabei quasi mit dem Pinsel über die Farbe und bürstet sie so sanft ein.

Das Bild muss zwischen den einzelnen Farbaufträgen immer wieder trocknen, und man sollte mit Geduld und Zeit an diese Aufgabe herantreten. Um den Glanz zu erhöhen, wurde das Bild zum Schluss hin zwischengefirnisst. Da das Pferd jedoch wie ausgeschnitten vor der Landschaft zu stehen schien, wurde anschließend doch noch einmal Farbe aufgetragen. Mit einigen Tupfen werden Kornblumen angedeutet, und auch der Baum wird noch besser nuanciert.
Format 68 x 50 cm

Deutlich können Sie auf dem gestrichelten Hintergrund des Baumes erkennen, wie fein dagegen die Farbe beim Pferd vertrieben wurde. Kaum ein Pinselstrich ist mehr zu sehen.

Pferde auf der Koppel – Tiere in einer Landschaft

Wichtig für die Tiermalerei ist es, ebenso wie beim Malen von Figuren, sich in Skizzen mit einzelnen Bewegungsabläufen auseinanderzusetzen. Studieren Sie die verschiedenen Körperteile und Haltungen, bevor sie mit Ihrem Bild in Ölfarben beginnen. Sie können Tiere einzeln, in Gruppen oder in ihrer natürlichen Umgebung darstellen, ihre Artenvielfalt bietet Ihnen einen fast unerschöpflichen Reichtum an Motiven.

△ Hier sehen Sie einen von vielen Skizzenbögen, die vor Ort an einer Pferdekoppel angefertigt wurden. Man verwendet festes Papier, einen weichen Bleistift, Kreide, Kohle oder einen Graphitstift.

▷ Das Pferd steht in diesem Bild nicht im Zentrum der Aufmerksamkeit, sondern es soll Teil einer größeren Landschaft sein. Es dient darin jedoch als belebender Blickfang. In blaugrauer Ölfarbe wird die Komposition auf die Leinwand gesetzt. Das Gatter mit den schrägen Pfosten verleiht dem Bild Spannung. Es fängt das Auge des Betrachters ein, dessen Blick so vom Vordergrund über das Pferd und den Baum in den Hintergrund geführt wird.

△ Die Farbigkeit wird Tupfen für Tupfen verdichtet. Man arbeitet dabei mit mehreren Flachpinseln, deren Größe sich nach dem Bildformat richten sollte. Hier sind sie daher relativ klein. Um eine Trennung zwischen Vorder- und Hintergrund zu erreichen, wird die sehr statische diagonale Strichführung im Vordergrund aufgegeben und der Pinselstrich etwas freier eingesetzt. Das Pferd wurde, dem gesamten Malstil entsprechend, ebenfalls nur locker in seiner Form umrissen.

△ Die Farbe wird nun in nur einer Richtung von oben rechts nach unten links mit großzügigen Pinselstrichen aufgetragen.

Ein zweites Pferd ist mit wenigen Farbtupfen angedeutet worden. Durch die typische Haltung und die Wiedergabe kleinerer Merkmale wie der weißen Blesse ist es dennoch deutlich zu erkennen.

In fast statisch gehaltenen Strichlagen wurde die Landschaft im Kalt-Warm-Kontrast ausgearbeitet.

▽ Da die Farbgebung bisher noch sehr kühl war, wird das Bild nun in warmen, gelben Lasurtönen nochmals überarbeitet. Dabei entsteht ein Kalt-Warm-Kontrast, der die Räumlichkeit der Landschaft verstärkt. Auch das zweite Pferd wurde aus diesem Grunde nachträglich hinzugefügt. Format 61 x 45 cm

Bobtail – Die Farbe des Motivs aufgreifen

In einer schnellen Studie wird die Chance genutzt, den schlafenden Hund zu skizzieren.

Tiere sind besonders gut zu studieren, wenn sie schlafen. Falls man ein Haustier hat, das man gerne malen möchte, sollte man diese Momente nutzen und die Beobachtungen in schnellen Skizzen festhalten. Hier war es ein Bobtail, der dem Künstler während einer Urlaubsreise begegnete. Spannend wird das Motiv durch die wuschelige Mähne des Hundes im Gegensatz zu den glatten Fliesen des Fußbodens. Zum anderen regte die Farbe des Hundefells dazu an, nur mit Weiß und Schwarz und aus ihnen ermischten Grautönen zu malen, einer Technik, die an die Grisaillemalerei erinnert.

Mit einer weißen Acrylfarbe wird vorgearbeitet. Die glatten Fliesen werden mit einem flachen Borstenpinsel gemalt, die Haare mit einem Rundhaarpinsel. Die Pinselwahl richtet sich also nach den unterschiedlichen Oberflächen und Strukturen.

Die Fugen werden verstärkt, und das gesamte Bild erhält stärkere Schatten. Es gewinnt dadurch an Räumlichkeit.

Mit Schwarz werden die Fugen der Fliesen eingetragen. Der Farbauftrag bleibt für den Fußboden relativ glatt und ist daher mager, während er im Hundefell pastoser ist und expressiver bearbeitet wird.

Da die Fugen zu schwarz waren, werden sie mit einem leichten Grauton überzogen. Auf diese Weise wird auch der Kontrast zu den Fliesen gedämpft. In das Fell wird hineingekratzt und geschabt, um die Strukturen besser hervortreten zu lassen. Das fertige Bild lebt von seiner „Farbigkeit" in nur zwei Tönen und der interessanten Idee, die Farben des Hundefells auf das gesamte Bild zu übertragen. Die unterschiedlichen Texturen verhindern dabei, dass es langweilig und starr wirkt.
Format 58 x 49 cm

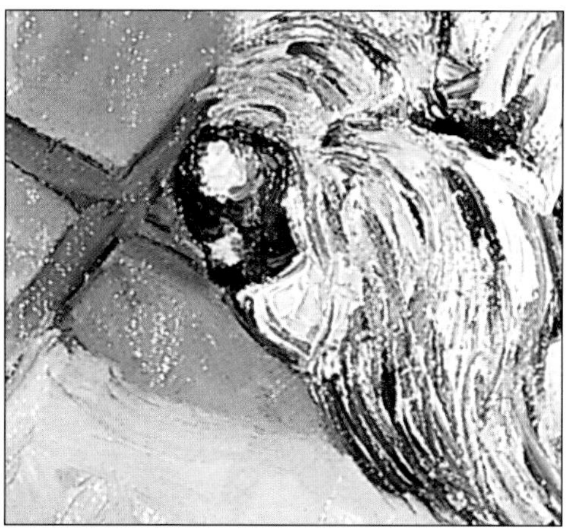

Mit Hilfe unterschiedlicher Maltechniken wurden die Komponenten „glatt" und „strukturiert" nebeneinander ausgearbeitet.

Variationsmöglichkeiten und Experimente

In den vorangegangenen Kapiteln haben Sie die Grundlagen und Techniken der Ölmalerei sowie ihre Umsetzung in verschiedenen klassischen Themenbereichen kennen gelernt. Abschließend sollen Ihnen zwei sehr unterschiedliche Stillleben sowie zwei abstrakte Kompositionen Anregungen und Ideen für Ihre eigene Arbeit vermitteln. In den Stillleben sehen Sie Farb- und Kompositionsvariationen und erleben noch einmal, wieviele Korrekturmöglichkeiten die Ölmalerei bietet. Die abstrakten „Experimente" demonstrieren, wie vielfältig die Ölfarbe bearbeitet werden kann. Vor allem in der modernen abstrakten Kunst finden sich zahlreiche Beispiele verschiedener Stilrichtungen, die zeigen, wie vielseitig man mit Öl arbeiten kann. Vertreter des abstrakten Expressionismus, des Tachismus, der informellen Kunst oder des Action Paintings haben immer wieder neue Wege der Ausdrucksform beschritten. Einer der wichtigsten Maler des Action Paintings war Jackson Pollock (1912–1956), der die Methode des Farbdrippings entwickelte. Hierbei wird die Farbe – z. B. direkt aus der pendelnden Dose – auf die liegende Leinwand getröpfelt.
Haben auch Sie immer den Mut, Ihre eigenen Ideen zu verwirklichen. Lassen Sie sich von Fehlschlägen nicht entmutigen und nutzen Sie die Spielräume, die Ihnen der besondere Charakter der Ölfarbe einräumt. Mit jedem Bild wird Ihre Erfahrung größer, und Schritt für Schritt werden Sie Ihre Ölmalerei besser kennen und lieben lernen.

Jackson Pollock, Wächter des Geheimnisses, Öl auf Leinwand, 1943.

Atelier mit afrikanischer Figur und Maske – Ein Stillleben aufbauen

Sie haben in diesem Buch schon verschiedene Stillleben kennen gelernt, ein klassisches Stillleben mit Obst, ein Gemüsestillleben und das Blumenstillleben. Ein Stilleben kann jedoch aus alltäglichen Gebrauchsgegenständen bestehen. Blicken Sie sich in ihrer unmittelbarer Umgebung um, werfen Sie einen Blick in die Küche oder auch, wie es der Künstler hier getan hat, auf ihre Malutensilien. Überall können sich interessante Motive finden. Auf dem Foto unten sehen Sie die Gegenstände, die der Maler für sein Bild ausgewählt hat. Sie stehen noch ungeordnet nebeneinander. Das zweite Foto rechts zeigt, wie sie zu einer spannenden Komposition zusammengestellt wurden. Vor einem Stapel verschiedener Leinwände, die dem Gefüge eine statische Hintergrundform geben, finden sich die Apfeltüte wieder sowie eine Blechkanne, einige Farbtöpfe und -fläschchen und eine kleine afrikanische Figur. Das Starre der Leinwände wird durch die Maske etwas aufgebrochen. Da es sich um eine relativ komplexe Komposition handelt, werden zahlreiche Vorstudien angefertigt. Sie erleichtern die spätere Ausarbeitung in Öl.

Um die Ausgewogenheit und Wirkung der Komposition zu prüfen, wird sie mit Kohle auf einen Zeichenbogen skizziert.

Als weitere Vorstudie wird diese Zeichnung nun in Acryl mit Weiß und Ocker in ihren Hell-Dunkel-Werten farbig ausgeführt. Man arbeitet dabei schon jetzt relativ genau. Für die Flächen verwendet man einen Flachpinsel, für feinere, zeichnerische Bildteile einen weichen Rundpinsel.

Auf kleinen, ungrundierten Pappen entstehen mit dünner, magerer Ölfarbe weitere Studien, links oben z. B. eine Hell-Dunkel-Studie. Die Farbfleckverteilung darunter vermittelt einen Überblick über die Farbigkeit der Komposition. Rechts sehen Sie, dass auch einzelne Gegenstände aus dem Motiv herausgegriffen werden, um sie in Einzelstudien genauer kennen lernen zu können.

Erst nach all diesen Vorarbeiten wird eine Aufzeichnung auf die Leinwand übertragen und mit goldenem Ocker und Titanweiß eine Untertuschung angelegt.

Die Arbeit soll in der Schichtentechnik ausgeführt werden. Als erste Farben werden hier Grau- und Grüntöne sowie die Farben der Früchte aufgetragen.

Schicht für Schicht wird die Farbigkeit vertieft und verändert. Die Farben sollen in ihren Lokalfarben, das heißt: möglichst realistisch, eingefangen werden. Nützlich ist dazu das Anlegen einer Mischtabelle am Rande der Leinwand: Tragen Sie alle Farben auf, die Sie verwenden wollen, mischen Sie diese in den verschiedensten Variationen untereinander, und lernen Sie so die Vielfalt möglicher Töne kennen. Diese können Sie nutzen, um die Farbigkeit Ihres Motivs möglichst genau wiederzugeben.

Die Farben sind noch dunkler und kräftiger geworden. Nachdem das Bild getrocknet ist, werden mit kleinen Pinselstrichen zum Schluss noch helle und dunkle Akzente gesetzt.

Die Farbigkeit des Bildes folgt den realistischen Tonwerten der Gegenstände.

In einem Stillleben können die ungewöhnlichsten Gegenstände aufeinandertreffen, wie hier die afrikanische Skulptur mit einer Blechkanne. Gerade aber solche Gegensätze geben der Komposition ihre Ausdrucksstärke.
Format 44 x 56 cm

Atelierstillleben – Variationsmöglichkeiten

Nachdem das Motiv relativ detailliert und genau ausgearbeitet wurde, hat es den Künstler gereizt, sein Stillleben nicht nur in den Lokalfarben umzusetzen, sondern auch einmal in einer spontaneren Technik und freieren Farbwahl. Die Realität tritt dabei in den Hintergrund, der Schwerpunkt liegt auf der Wiedergabe von Eindrücken und Lichtspielen.

Die Vorzeichnung wird aus dem vorherigen Bild übernommen. Allerdings werden nun „alla prima" sofort erste Farben eingetragen.

Es soll mit einfachen klaren Farben wie Violett, Kadmiumgelb mittel, Kadmiumrot, Kadmiumorange, Permanentgrün und Chromoxidgrün feurig gemalt werden. In erster Linie sind es also Primär- und Sekundärfarben sowie ihre Weißabstufungen, die hier eingesetzt werden.

In diesen Ausschnitten sind die Unterschiede zu der vorangegangenen Technik gut zu erkennen. Hier ist der Pinselstrich lockerer, skizzenhafter, die Farbe ist fetter und dicker und glänzt daher stärker.

Aufgrund der kräftigen Farben ist ein leuchtendes Bild entstanden. Diese Wirkung wird durch die Komplementärkontraste noch verstärkt: So ergänzen sich das Grün und das Rot der Äpfel, das Orange der Früchte und das Blau des Glases und der Figur sowie das Gelb des Rahmens und das Violett in der Maske.
Format 44 x 56 cm

Die Espressomaschine – Formen und Farben vereinfachen

Eine völlig andere Malweise repräsentiert dieses Bild. Der Stil ist den berühmten Stillleben Morandis nachempfunden. Nur drei Gegenstände wurden auf einem Holztisch arrangiert. Die Ausarbeitung sollte so einfach wie möglich gehalten werden. Es wird also sehr flächig und mit einer reduzierten Farbpalette gemalt. Wie kompliziert aber gerade das Einfache sein kann, zeigen die verschiedenen Stufen, die das Bild während der Entstehung durchlaufen hat. Denn mit wenigen Mitteln eine ausdrucksstarke Komposition zu gestalten, kann sehr schwierig sein.

Ausnahmsweise wurde als Leinwand grober Rupfen verwendet und mit einer handelsüblichen Dispersionsfarbe grundiert. Da die Oberfläche sehr grob ist, wird die Aufzeichnung mit einem flachen Borstenpinsel ausgeführt.

Mit Ultramarinblau, Ocker und Weiß werden erste flächige Formen in Öl für die Untermalung angelegt.

▽ Eine Mischung aus Ultramarinblau und Ocker ergibt ein Graugrün, das in dem Motiv farbbestimmend sein soll. In feinen Weißabstufungen dieses Farbtons ist das gesamte Bild überarbeitet worden. Das Ergebnis ist so gelungen, dass das Bild auch schon in dieser Phase beendet werden könnte.

Dennoch reizte es den Künstler, weitere Korrekturen auszuführen. Die Farbigkeit wird verstärkt, und auf mehr Realität hin gearbeitet; so erhält die hintere Flasche einen Verschluss und ein Etikett. Nach der Überarbeitung musste jedoch festgestellt werden, dass dies einen Rückschritt von der angestrebten Reduzierung darstellt.

Darum wird das Bild nochmals verändert. Die vordere Flasche verliert den Verschluss, weil er in Konkurrenz zum schwarzen Knopf des Kaffeemaschinendeckels stand. Der Hintergrund wird in wärmeren Farbtönen überarbeitet, ein Versuch, die Spannung des Bildes zu erhöhen.

Das Bild ist in sich immer noch nicht stimmig und ein wenig langweilig. Es wird daher nun ein sehr großer Eingriff vorgenommen. Der Tisch wird an den Seiten diagonal abgeschnitten. Die Komposition gewinnt dadurch doch noch die gewünschte Spannung. Die Farben werden alle mit einem kreidigen Weiß überarbeitet. Der Hintergrund erhält wieder ein Graugrün.

Die weiße Flasche wird etwas größer angelegt, damit sie die Kaffeemaschine überragt und ein besser Rhythmus entsteht. Die Flaschen haben jetzt beide keinen Verschluss mehr. Der Tisch erhält einen dunklen Grauton, die hintere Flasche wirkt heller und wärmer, der Schatten der Kaffeemaschine wird verstärkt. Erst jetzt ist der Künstler mit der Komposition und der Farbigkeit des gesamten Bildes zufrieden. Format 56 x 44 cm

Streifen und Strukturen – Experimentieren

Eine ausgezeichnete Art, Ölfarben in allen technischen Möglichkeiten, die sie bietet, kennen zu lernen, sind freie Experimente in abstrakten Kompositionen. Verwenden Sie eine grobe, aber haltbare Leinwand, die mit Dispersionsfarbe grundiert wird, nutzen Sie zum Beispiel die Farbreste auf Ihrer Palette und lassen Sie Ihrer Fantasie einmal freien Lauf.

In verschieden breiten Streifen werden deutliche Farbtöne nebeneinandergesetzt. Danach wird hineingekratzt, Farbe weggewischt oder mit dem Palettmesser abgekratzt, dann wieder dickere Ölfarbe aufgetragen und mit den Wirkungen verschiedener Farbbeziehungen gespielt. Es macht Spaß, einmal ganz frei zu arbeiten.

Mit unterschiedlichsten Werkzeugen – Nägeln, dem Pinselstiel, dem Palettmesser – werden weitere Strukturen in die Farbe gekratzt. Der Pinselstiel wird in etwas Farbe getaucht und dann damit bis zur Leinwand hinunter gekratzt. Auch die Punkte werden mit dem Pinselstiel gesetzt, wobei er abwechselnd in verschiedene Farben getupft wird. Jedes Mal bleibt dabei ein wenig Farbe hängen und vermischt sich mit der anderen. Bei einer solchen Arbeit sollte die Leinwand zunächst auf eine Holzplatte aufgespannt werden, damit man über einen stabilen Untergrund verfügt.

Hier wurden zunächst einfache Farbflächen sehr mager angelegt und zum Teil wieder weggewischt.

Pünktchen werden gesetzt und Farben aufgespachtelt, verwischt und wieder mit dem Pinselstiel zusammengemischt. Bei dieser Art zu Arbeiten gilt das Motto „erlaubt ist, was gefällt". Allerdings muss man aufpassen, nicht zu viel Farbe ineinander zu mischen, da man sonst nur ein schmutziges Grau erhält. Bei einer abstrakten Farbkomposition sollte zudem wenigstens eine Farbe den Hauptklang bilden, der durch die anderen Farben lediglich unterstützt wird. Probieren Sie es einfach einmal aus – Sie werden erstaunt sein, wie viel Sie über die Wirkung von Farben lernen und Ihre Ölfarbe noch einmal neu entdecken. Format 39 x 49 cm

Diese Grundkomposition wird nun pastos überarbeitet, wieder wird getupft und gekratzt. Während es im ersten Beispiel noch um die Beziehung zwischen Flächen und ihren Strukturen ging, ist es hier das Farbspiel zwischen Kadmiumorange im Kontrast zu Ultramarinblau sowie Schweinfurter Grün zu Kadmiumrot, das im Mittelpunkt des Experiments steht.

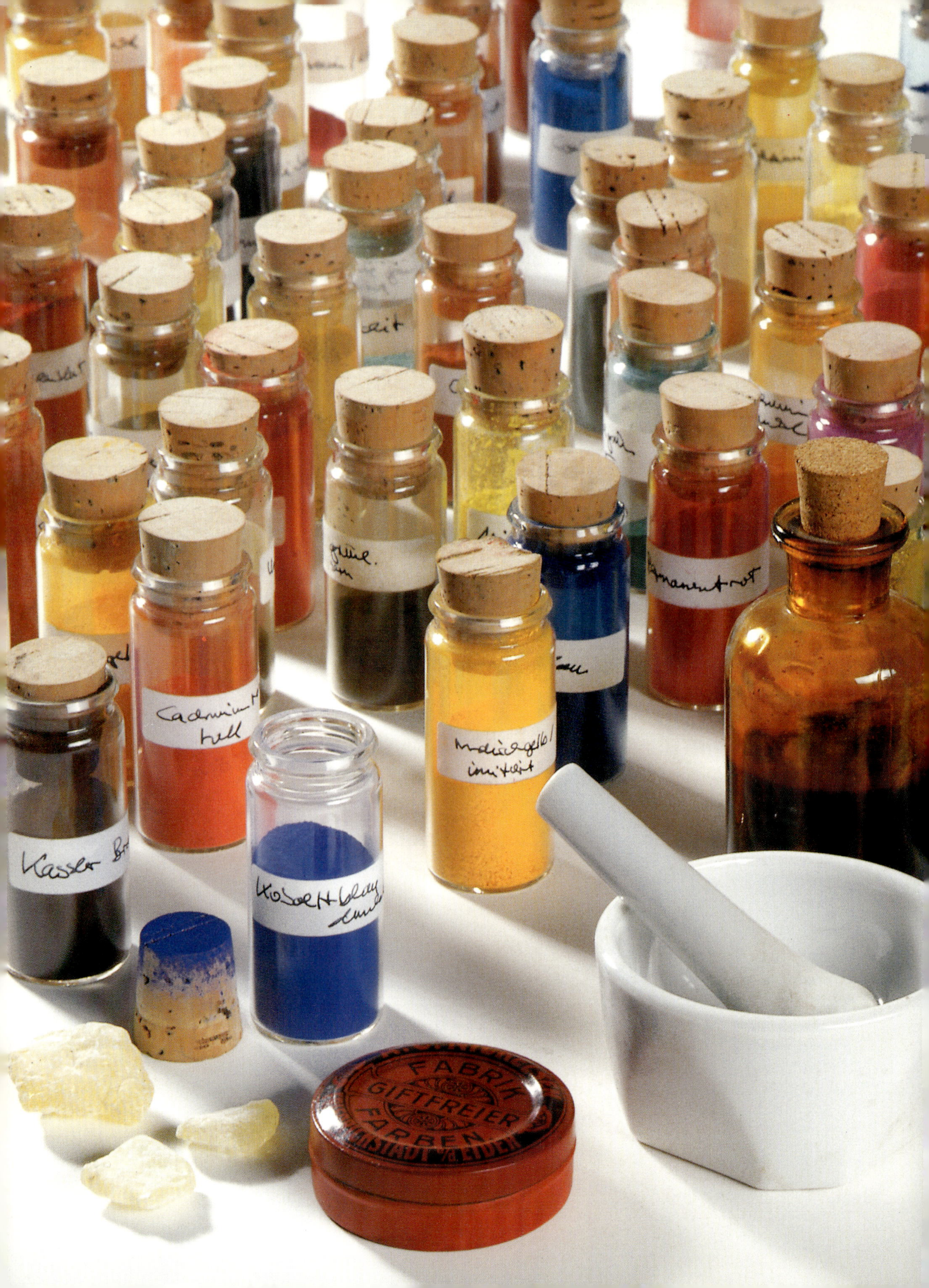
FABRIK
GIFTFREIER
FARBEN

Pigmente und Rezepte

Farbmittel,
Bindemittel und Harze,
Lösemittel,
Rezepte

Farbmittel in der Ölmalerei

Als **Farbmittel** werden grundsätzlich alle farbgebenden Stoffe bezeichnet. Man unterscheidet dabei zwischen Pigmenten und Farbstoffen.
Pigmente sind anorganische und organische, bunte und unbunte Farbmittel, die in Binde- bzw. Lösemitteln **nicht gelöst,** sondern lediglich aufgeschwemmt werden können. Die Farben der Malerei basieren fast alle auf Pigmenten. Als **Farbstoffe** werden alle in Binde- bzw. Lösemitteln löslichen Farbmittel bezeichnet. Sie werden vor allem zum Färben (z. B. von Textilien) verwendet. Werden Farbstoffe mit Hilfe komplizierter chemischer Prozesse auf spezielle Unterlagen niedergeschlagen (verlackt), sind sie auch in der Malerei einsetzbar und haben den Namen **Farblacke.**
Von **reinen Pigmenten** spricht man, wenn diese weder Verschnittmittel noch Substrate enthalten. Das Pigment darf dann auch nicht geschönt sein, wie man das Verbessern der Farbtönung eines Pigments durch Zusatz anderer Farbmittel nennt.

1 *Bleiweiß*
2 *Zinkweiß*
3 *Titanweiß*
4 *Zinksulfidpigmente*
5 *Kreide*
6 *Weißer Ton*

Weißpigmente

Bleiweiß, auch Kremser oder Kremnitzer Weiß, ist das älteste, schon seit der Antike bekannte, weiße Pigment. Es ist ein anorganisches Pigment, das leicht ins Gelbliche neigt. Als basisches Bleikarbonat kommt es zu einer Reaktion mit den Säuren der Öle, wobei sogenannte Bleiseifen gebildet werden. Pigmente, die eine solche chemische Verbindung eingehen können, nennt man aktiv. Die Bleiseifen verstärken die Trockengeschwindigkeit von Ölfarbe und unterstützen zudem den Erhaltungszustand von Ölbildern, da sie getrocknete Ölfarbenfilme widerstandsfähiger werden lassen. Allerdings verliert Bleiweiß durch die zunehmende Bildung von Bleiseifen während des Alterungsprozesses auch an Deckfähigkeit und wird immer transparenter. Bleiweiß ist stark gesundheitsschädlich! Daher greift man heute immer mehr auf andere Weißpigmente zurück. Wenn Sie Bleiweißpigmente dennoch verwenden wollen, sollten Sie die wichtigsten Vorsichtsmaßnahmen im Umgang mit Giften beachten, d. h. während der Arbeit nicht rauchen, essen, verstärkt auf Sauberkeit achten und unbedingt eine Staubschutzmaske tragen.

Zinkweiß ist zwar seit dem Mittelalter bekannt, wird aber erst seit 1800 als Pigment verwendet und seit Anfang des 19. Jahrhunderts industriell hergestellt. Es wird in drei verschiedenen Feinheiten angeboten: Die feinste mit dem höchsten Weißgrad besitzt Weißsiegel, darauf folgen mit abnehmender Qualität Grünsiegel und Rotsiegel. Letzteres eignet sich aufgrund seines geringen Bindemittelbedarfs gut für die eigene Herstellung von Grundierungen. Weil Zinkweiß fluoresziert, hat es auch eine ihm eigene Leuchtkraft, und es ist zudem ausgesprochen lichtecht. Es ist ein aktives Pigment, seine Ölfilme trocknen aber wesentlich härter auf als jene mit Bleiweiß, und es besteht daher die Gefahr der Frühsprungbildung. Auch sein Deckvermögen ist geringer als das des Bleiweiß', wobei dieses jedoch durch die Zugabe von Titanweiß merklich verbessert werden kann. Trotz allem ist Zinkweiß für die Ölmalerei von größter Bedeutung.

Zinksulfidpigmente/Lithopone
Alle Zinksulfidpigmente sind verlässliche Malpigmente. Erhältlich sind entweder reines Zinksulfid oder Verschnittpigmente, Lithopone genannt, deren Deck- bzw. Färbevermögen mit dem jeweiligen Gehalt an Zinksulfid steigt. Wie beim Zinkweiß gibt es verschiedene Typen mit Siegelbezeichnungen, die sich nach dem jeweiligen Zinksulfidgehalt richten: Rotsiegel-Lithopone besitzen einen Zinksulfidgehalt von 30 %, Silbersiegel-Lithopone von 60 %. Lithopone gibt es in drei Ausführungen, für den Maler sind jedoch nur die Typen L (= Standardware) und D (= mit verbesserter Benetz- und Dispergierbarkeit) interessant. Zinksulfidpigmente sind sowohl in Öl- als auch in Acryl- und Temperafarben verwendbar, sind aber „passive" Pigmente.

Titanweiß ist das Dioxid des Metalls Titan, dessen fabrikatorische Herstellung ca. 1920 aufkam. Titanweiß wird in zwei Formen produziert, in der sogenannten Rutilform (gelblicher Farbton) und der Anatasform (bläulich-weiß). Zum Malen sollte man allerdings unbedingt die Rutilform verwenden, da diese wesentlich stabiler ist. Titandioxide sind nicht aktiv, besitzen aber das höchste Deck- und Färbevermögen aller Weißpigmente und zählen grundsätzlich zu den zuverlässigsten Pigmenten in allen Maltechniken.

Gelbpigmente

Neapelgelb wird aufgrund seiner Gesundheitsgefährlichkeit industriell nicht mehr verwendet. Es gibt jedoch auch heute noch Maler, die mit diesem Pigment arbeiten, wobei größte Vorsicht geboten ist. In der Farbtönung reichen die Nuancen vom leicht grünlichen bis zu einem rötlichen Gelb, und es wird entsprechend unter den verschiedenen Bezeichnungen hell, dunkel, rötlich etc. angeboten. Das Färbevermögen von Neapelgelb ist mäßig, es deckt aber sehr gut. Es ist ausgesprochen lichtecht, weshalb es früher in der Öl- und Temperamalerei sehr geschätzt wurde. Als aktives Bleipigment beschleunigt es die Öltrocknung.

Neapelgelb

Chromgelb ist das wichtigste und beständigste Gelbpigment. Es wurde schon im 19. Jahrhundert in Malfarben bevorzugt eingesetzt. Als Bleichromat ist es ebenfalls gesundheitsschädlich. Es wurde jedoch inzwischen ein Chromgelb entwickelt, das in seinen Bleianteilen erheblich reduziert ist. Das Deck- und Färbevermögen von Chromgelb war immer sehr gut, allerdings war es nicht sehr lichtbeständig, sodass es zu Verfärbungen ins Schwarzbraune kam. Heute ist man aber in der Lage, lichtstabilisierende Elemente beizufügen, sodass das Chromgelb inzwischen eines der bedeutendsten Gelbpigmente für den Maler ist.

Chromgelb

Kadmiumgelb

Bleigelb

Indischgelb

Kobaltgelb

Kadmiumgelb wird seit dem 19. Jahrhundert aus Kadmium- und Zinksulfid hergestellt. Moderne Kadmiumgelbpigmente besitzen eine hohe Lichtechtheit und Beständigkeit, das Deck- und Färbevermögen ist sehr gut, sie sind mit allen Pigmenten mischbar und in allen Maltechniken einsetzbar. Alle Kadmiumpigmente zählen daher zu den schönsten und beständigsten Pigmenten im Gelb-, Orange- und Rotbereich.

Bleigelb – auch Bleiglätte oder Massicot genannt – ist ein gelbes, aktives, wenn auch gesundheitsschädliches Bleioxid. Es wird durch die Erhitzung von Bleimetall bzw. Bleiweiß gewonnen, wobei zunächst die gelbe Bleiglätte und bei weiterer Erhitzung die orangerote Bleimennige entsteht. Bleigelb ist nicht lichtbeständig, es verfärbt sich rot-bräunlich, ein Grund für seine seltene Verwendung als Malpigment. Heute wird es meist nur noch als Farbtonbezeichnung verwendet.

Indischgelb ist seit etwa Mitte des 19. Jahrhunderts in Europa bekannt. An die sonst heiligen Kühe Indiens verfütterte man Mangoblätter und ließ sie bis zur Quälerei dürsten. Die Kühe konnten nur unter großen Leiden stark gelblich verfärbten Urin lassen, aus dem dann nach verschiedenen Verfahren ein natürlicher Farblack hergestellt wurde. Diese Art der Gewinnung ist heute aus tierschutzrechtlichen Gründen verständlicherweise verboten. Im Handel ist daher nur imitiertes synthetisches Indischgelb erhältlich. Es ist ein hochlasierendes Gelbpigment von guter Lichtbeständigkeit.

Kobaltgelb wurde zur Mitte des vergangenen Jahrhunderts entdeckt und von der Farbenfirma Winsor & Newton als Pigment eingeführt. Dieses rein gelbe Pigment scheint zwar recht beständig zu sein, in Mischungen mit organischen Pigmenten zeigt es jedoch Farbtonveränderungen. In Ölbindemitteln wurde es gerne als Ersatz für Indischgelb verwendet, ist aber heute von beständigeren Pigmenten abgelöst worden.

Schüttgelb, auch **Stil de Grain** genannt, ist der wohl bekannteste gelbe Pflanzenfarbstoff. Pflanzen lieferten schon früh Substanzen für verschiedene gelbe Farblacke. Generell wurden diese Pflanzenfarbstoffe sowohl für Lasurfarben in Öl als auch in wässrigen Bindemitteln verwendet. Sie waren allerdings sehr unbeständig und lichtunecht. Schüttgelb wurde früher aus Kreuzdornbeeren Süd- und Mitteleuropas gewonnen. Heute ist der Name Schüttgelb fast nur noch als Farbtonbezeichnung geläufig. Es wird ansonsten durch synthetische Farbmittel ersetzt, die unter Namen wie „Stil de grain" gehandelt werden.

Schüttgelb

Gelbe Ocker sind in allen Epochen und Techniken der Malerei anzutreffen. Natürliche Ocker werden im Tagebau gewonnen und oft untereinander gemischt, um die auftretenden Unregelmäßigkeiten in Farbtönung und Eigenschaften zu korrigieren. Heute werden meist synthetisch hergestellte Ockerpigmente verwendet, da sie in der Qualität stabiler und gleichbleibender sind, auch wenn sie die natürlichen Ocker noch lange nicht aus der Malerei verdrängt haben. Alle Ocker sind sehr lichtecht. Ihre Deckfähigkeit in öligen Bindemitteln ist mittel bis gut. Werden sie gebrannt, verändert sich der Farbton ins Rötliche. Man spricht dann von gebranntem Ocker.

Terra di Siena – oder auch italienischer Ocker – ist ein gelber, manganhaltiger Ocker von besonderer Qualität. Terra di Siena wurde früher nur bei Siena in der Toskana gegraben, später auch in ganz Italien und Sardinien. Es ist ein ausgesprochenes Lasurpigment mit hervorragenden maltechnischen Eigenschaften, die einen universellen Einsatz ermöglichen. Es ist von besonders auffallender Farbtiefe. Allerdings kann es in Untermalungen verwendet aufgrund des hohen Anteils feinster Substanzen unter Umständen zu einem Durchwachsen durch die oberen Farbschichten kommen. Auch hat es einen großen Bindemittelbedarf und trocknet relativ langsam. Es ist dennoch ausgesprochen beliebt und sollte auf der Palette eines Malers keinesfalls fehlen. Auch Terra di Siena gibt es als gebrannte Variante, wobei sich – wie beim Ocker – der Farbton ins Rötliche verschiebt.

Terra di Siena

Rotpigmente

Roter Ocker ist eines der verschiedenen natürlichen Erdpigmente. Seine Tönung ist vom jeweiligen Gehalt an Eisenoxid abhängig. In den Bezeichnungen wird entweder auf das Herkunftsland verwiesen – italienischer, französischer Roter Ocker etc. – oder auf den Farbton – z. B. Rotocker oder Goldocker. In ihren Eigenschaften ähneln Rote Ocker den Gelben. Sie sind ausgesprochen lichtecht, mit allen Pigmenten mischbar und in allen Techniken einsetzbar. Rote Ocker wurden übrigens schon in der Höhlenmalerei als Malpigmente verwendet. Heute allerdings werden auch die roten Erdfarben mehr und mehr durch synthetische Produkte verdrängt.

Terra di Pozzuoli ist ein sehr bekannter Roter Ocker. Echte Pozzuolierde stammt aus der Nähe von Neapel. Unter demselben Namen werden jedoch auch in der Farbtönung sehr ähnliche Rote Ocker anderer Herkunft angeboten. Terra di Pozzuoli sind dennoch sehr beliebte Malpigmente.

Terra di Pozzuoli

Oxidrot Eisenoxidpigmente werden in verschiedenen Sorten unterschiedlichster Herstellungsart angeboten. Empfehlenswert sind jedoch nur die als Oxidrot bezeichneten substratfreien Pigmente. Oxidrotpigmente enthielten zwar früher häufig Gips (was sich besonders in wässrigen Techniken negativ auswirkte), manche reagierten sauer, andere alkalisch, sodass sie als sehr unzuverlässig eingestuft werden mussten. Heute jedoch werden diese Sorten neutral und frei von störenden Substanzen geliefert. Die technisch besten Eisenoxidpigmente sind die sogenannten rein gefällten Typen, die zu den beständigsten Pigmenten für alle Maltechniken gehören.

Oxidrot

Englisch-, Venezianisch-, Pompejanisch- und Indischrot
Englischrot ist ein helles, Venezianisch-, Pompejanisch- und Indischrot sind dunkle synthetische Eisenoxidpigmente, die Substrate enthalten oder verschnitten sein können. Sie sind daher zwar preisgünstig, aus demselben Grund kommt es beim Mischen mit anderen Farben aber auch häufig zu verdorbenen, stumpfen Farbtönen. Sie sind daher nicht unbedingt zu empfehlen.

Englischrot

Caput mortuum

Zinnober

Bleimennige

Alizarinkrapplack

Caput mortuum Ein häufig verwendetes Eisenoxidpigment ist auch das leicht bläuliche Caput mortuum, das schon seit dem 15. Jahrhundert bekannt ist.

Zinnober Echter Zinnober kommt als mineralisches Quecksilbersulfid natürlich vor, kann aber auch aus Quecksilber und Schwefel chemisch hergestellt werden. In natürlichen Vorkommen ist er häufig in Schiefer eingeschlossen und wird auch als Bergzinnober bezeichnet. In dieser Form war er als Pigment schon im alten China und Ägypten gebräuchlich. Erst gegen Ende des 18. Jahrhunderts begann die industrielle Zinnoberherstellung. Zinnober hat einen geringen Bindemittelbedarf. Sein Deckvermögen ist hervorragend, das Färbevermögen mäßig. In Ölbindemitteln trocknet es sehr langsam und seine Lichtechtheit ist unsicher. Zinnober muss daher beispielsweise mit Firnisüberzügen geschützt oder mit Lasuren abgedeckt werden. Aus Mangel an Nachfrage wird der echte teure Zinnober kaum noch hergestellt, der Name ist jedoch als Farbmittelbezeichnung nach wie vor geläufig. Ersatz bietet als sehr ähnliches Pigment Kadmiumrot.

Bleimennige, zuweilen auch Saturnrot genannt, beschleunigt ebenso wie andere aktive Bleipigmente die Öltrocknung sehr stark, ist aber nicht lichtecht und gesundheitsschädlich. Als Malpigment findet es daher schon lange keine Verwendung mehr. Sollte es dennoch eingesetzt werden, müssen dieselben Vorsichtsmaßregeln eingehalten werden wie z. B. bei Bleiweiß.

Krapplack

Wurzelkrapplack

Wurzelkrapplack stammt ursprünglich aus dem vorderen Orient und zählte zu den wichtigsten Pigmenten der europäischen Malerei überhaupt. Es war allerdings nicht sehr lichtbeständig. In der zweiten Hälfte des 19. Jahrhunderts gelang es, das im Krapplack enthaltene Alizarin chemisch nachzubilden. Dieses neue synthetische Pigment besaß maltechnisch bessere Eigenschaften und ersetzte schnell den teuren Wurzelkrapplack, der heute kaum mehr erhältlich ist.

Alizarinkrapplack wird mit etlichen Hilfsstoffen aus synthetischem Alizarin hergestellt. Gute Sorten sind wasser-, öl- und lösungsmittelecht, stark lasierend und dennoch brillant in der Farbe. Ihre Lichtechtheit ist im Gegensatz zum ursprünglichen Wurzelkrapplack verhältnismäßig gut. Krapplack-Ölfarben trocknen aufgrund ihres hohen Ölbedarfs extrem langsam, was im allgemeinen nicht stört, weil sie ja lasierend-dünn aufgetragen werden. Heute werden neben dem Alizarinkrapplack auch sogenannte Krapplack-Imitationen neuerer Herkunft angeboten. Diese können coloristisch echte Krapplacke in ihrer Farbbrillanz sogar noch übertreffen und verfügen daneben oft auch über bessere maltechnische Eigenschaften.

Karmin Echter Karmin – auch Koschenille genannt – kam im 16. Jahrhundert von dem eben entdeckten Amerika nach Europa. Dort lebt auf Feigenkakteen eine besondere Schildlausart, Koschenille, in

Karmin

deren Weibchen sich ein wasserlöslicher roter Farbstoff verbirgt, der verlackt werden muss, um als Farbmittel verwendet werden zu können und als Karminlack bezeichnet wird. Karminpigmente besitzen ein ausgesprochen feines, leicht blaustichiges Rot, ihre Lichtechtheit ist allerdings relativ gering. In der Malerei wird natürliches Karmin nur noch selten verwendet, da es zu instabil ist, und es ist zudem als „echter" Farblack auch ausgesprochen teuer. In den Alizarinlacken oder anderen modernen synthetischen Sorten findet man zuverlässigere Pigmente.

Kadmiumrot

Kadmiumrot wird seit Anfang dieses Jahrhunderts hergestellt. Es ist sehr lichtecht, beständig und deckt gut. Im Farbton findet man Nuancen von sehr hellen, etwas gelbstichigen bis sehr dunklen, weinroten Sorten. Heute wird Kadmiumrot meist anstelle von Zinnober verwendet, welches es an Leuchtkraft teilweise sogar überbietet. Für den Maler ist Kadmiumrot einer der schönsten Farbtöne und eines der zuverlässigsten Pigmente in allen Techniken.

Kobaltviolett besitzt einen besonders klaren, reinen Violettton, den man durch Mischungen nicht erzielen kann. Meist wird es in Ausmischungen mit Weiß verwendet, wobei es hoch lichtecht ist. Es ist daher bei Malern sehr beliebt und zum Selberherstellen von Farben gut geeignet. Auch in Künstlerölfarben wird es häufig verarbeitet. Der einzige Nachteil: Es ist sehr teuer.

Kobaltviolett

Blaupigmente

Echtes Ultramarin

Echtes Ultramarin (Lapislazuli) ist als Mineral Lazurit seit rund 5000 Jahren in Asien und dem Vorderen Orient bekannt. Schon Marco Polo berichtete 1271, dass aus dem in afghanischen Minen gewonnenen Mineral Lapislazuli ein blaues Pigment hergestellt wurde. So wurde echtes Ultramarin u. a. in indischen Wandgemälden dieser Zeit und später in europäischen Buchminiaturen des frühen Mittelalters nachgewiesen. Aus Lapislazuli konnte natürliches Ultramarin nur auf mühevolle Weise durch Mahlen und Waschen gewonnen werden, bis das kostbare Pigment malbereit vorlag. Bestes Ultramarin war sehr wertvoll, gelegentlich stellten Auftraggeber ihren Malern neben Gold auch noch Ultramarin zur Verfügung. Echtes Ultramarin ist ein ausgesprochen lichtechtes Lasurpigment, das in Öl und Tempera vermalt wurde. Heute wird es von dem künstlich hergestellten, sehr viel billigeren Ultramarin ersetzt.

Künstliches Ultramarin

Künstliches Ultramarin wurde zu Beginn des 19. Jahrhunderts u. a. in Meißen hergestellt. Es wird bei hohen Temperaturen zwischen 700 °C und 800 °C gebrannt und ergibt leuchtend reinblaue Farben in Abstufungen von hell-grünlich bis tiefdunkel-rötlich. In öligen Bindemitteln und in dicken Farbschichten kann es dunkelblau und sogar fast schwarz wirken. In Öl wird es darum entweder mit Weiß gemischt oder als dünne Lasur über eine hellweiße Untermalung gesetzt. In starker Weißausmischung sind die Ultramarinpigmente gut lichtecht. Ultramarin ist mit allen Pigmenten verträglich und in allen Techniken einsetzbar. Wegen seiner außergewöhnlich guten maltechnischen Eigenschaften gehört Ultramarin in der Öl- und Temperamalerei zu den wichtigsten und unentbehrlichsten Malpigmenten.

Kobaltblau

Kobaltblau wurde Ende des 18. Jahrhunderts entdeckt, jedoch erst gut fünfzig Jahre später in der Malerei verwendet. Dieses klare, kühle Blau ist beständig und gut lichtecht. Kobaltblau ist mit allen Pigmenten mischbar, aber ein ausgesprochenes Lasurpigment. Wie alle Kobaltverbindungen beschleunigt es die Öltrocknung. Kobaltblau ist eines der teuersten Pigmente, die heute auf dem Markt sind. Aufgrund seiner ausgezeichneten Maleigenschaften und seines unvergleichlichen Farbtons findet man jedoch keinen adäquaten Ersatz, und man sollte daher nicht auf eine Arbeit mit diesem Blaupigment verzichten.

Coelinblau

Coelinblau wurde zu Anfang des 19. Jahrhunderts hergestellt und ähnelt Kobaltblau, ist aber in der Farbtönung grünlicher. Sein Deckvermögen ist gut, sein Färbevermögen jedoch gering. Es beschleunigt die Öltrocknung und ist in allen Maltechniken einsetzbar.

Manganblau wird erst seit Anfang der dreißiger Jahre hergestellt. Es ist gut lichtecht, wetterbeständig und mit allen Pigmenten und Bindemitteln verträglich. Sein Deck- und Färbevermögen ist zwar nicht hoch, in coloristischer Hinsicht wird es aber aufgrund seiner auffallenden kühl leuchtenden, hellen Blauschattierung besonders auch in der Öl-, Acryl- und Temperamalerei sehr geschätzt.

Smalte

Smalte ist ein tiefblau gefärbtes Kobaltglas, das in Abwandlungen schon im Altertum (etwa in Ägypten, Griechenland) bekannt war. Weil mit geringer Korngröße seine Farbe verblasst, darf Smalte nur grob gemahlen werden. Es besitzt allerdings ein schlechtes Deckvermögen. In Öl gebunden erscheint es nahezu schwarz. Einen deckenden smalte-blauen Farbauftrag erhält man nur durch Zumischung weißer Pigmente.

Preußischblau, Berliner- oder Pariserblau waren meist Herkunftsbezeichnungen für tiefblaue, stark färbende Eisenzyanpigmente, die Anfang des 18. Jahrhunderts in Berlin entdeckt wurden. Heute werden nur feinere, dunklere Sorten als Pariser- und Preußischblau bezeichnet, während gröbere, hellere Sorten Berlinerblau heißen.

Preußischblau

Preußischblau gehört aufgrund seiner schönen Farbtönung und tiefen Lasurwirkung zu den am meisten verwendeten Malpigmenten. In allen üblichen Bindemitteln wird es viel und gern verwendet, und es ist mit allen Pigmenten verträglich. In Öl ist es stark trocknungsbeschleunigend. In Ausmischung mit Weiß sinkt jedoch die Lichtechtheit mit steigendem Weißgehalt ab. Wer Preußischblau aufhellen will, sollte daher nur Lithopone verwenden.

Ägyptischblau – auch Pompejanischblau – wurde erst zu Beginn dieses Jahrhunderts wiederentdeckt. Heute wird es in Frankreich wieder hergestellt. Es wirkt in Öl- und Harzbindemitteln, oder auch nur mit Wachs überzogen, fast schwarz. Nicht nur darin kommt es Smalte sehr nahe: Es darf nämlich nur relativ grobkörnig verarbeitet werden, da sonst die Gefahr von Verblassungen besteht.

Ägyptischblau

Indigo

Indigo wurde in Indien schon in der Antike als Pflanze angebaut und war ägyptischen und römischen Malern als das Pigment „indicum“ bekannt. Als Malpigment spielt es aufgrund seiner mangelnden Lichtechtheit keine Rolle mehr. Es sei aber erwähnt, da der Name als Farbtonbezeichnung weiterhin verwendet wird. Eingesetzt wird Indigo auch heute noch in der Textilfärbung, z. B. für „Bluejeans“.

Grünpigmente

Chromoxidgrün stumpf ist ein matt-olivgrünes Pigment, das 1809 von Vauquelin entdeckt wurde. Es ist das zuverlässigste und beständigste Grünpigment überhaupt: Es besitzt eine hohe Deckfähigkeit, ist mit allen Pigmenten verträglich, vollkommen lichtecht – auch in stärkster Weißausmischung – und daher für alle Maltechniken uneingeschränkt geeignet.

Chromoxidgrün feurig (Chromoxidhydratgrün) ist ein lasierendes und tatsächlich sehr feuriges Grün mit gutem Färbevermögen und hoher Brillanz, das erst seit der Mitte des 19. Jahrhunderts bekannt ist. Im pastosen Aufstrich wird das einfallende Licht weitgehendst absorbiert, sodass es fast schwarz wirkt. Aufgrund seiner Beständigkeit und Zuverlässigkeit sowie seiner Einsetzbarkeit in allen Maltechniken zählt es zu den beliebtesten Malpigmenten.

Kobaltgrün war früher ein vor allem in der Öl- und Temperamalerei sehr beliebtes Pigment, das jedoch Mitte des 19. Jahrhunderts durch die billigeren grünen Chrompigmente verdrängt wurde. Das ursprüngliche Pigment wird nur noch selten angeboten, ist aber sehr lichtecht und maltechnisch ansprechend, allerdings auch sehr teuer. Ersatz bietet heute aber ein neuer, sehr kompliziert aufgebauter synthetischer Pigmenttyp gleichen Namens, der beste maltechnische Eigenschaften aufweist und daher in allen Techniken verwendet werden kann.

Grüne Erden kamen schon in der römischen Wandmalerei zum Einsatz. Sie werden gegraben und zuweilen auch geschlämmt und dann gemahlen. Ebenso wie Ocker verlieren sie beim Erhitzen ihren Wasseranteil und erhalten eine rotbraune Farbtönung. Diese Pigmente werden dann als gebrannte Grüne Erden bezeichnet. Alle Grüne Erden sind ausgesprochen lichtecht und lasieren in Öl. Besonders schöne Sorten gab es früher in der Nähe von Verona (= Veroneser Grüne Erde, ein kühler Grünton), die Fundorte dort sind aber fast versiegt. Olivgrüne Töne kommen aus Böhmen (= Böhmische Grüne Erde, warmer, braunstichiger Grünton). Grüne Erden aus Deutschland besitzen meist einen Stich ins Graue. Wie Ocker werden Grüne Erden heute durch Abmischung mit Substraten oder Eisenoxiden in ihren Eigenschaften und Farbtönungen standardisiert. Die früheren Namen, die sich auf die Herkunft bezogen, werden dabei als Farbtonbezeichnungen beibehalten.

Grünspan ist uns schon seit der Antike mit Farbtönen vom helleren bis zum dunkleren leicht bläulichen Grün überliefert. Im Ölfilm – oder auch fetter Tempera – wirkt es lasierend und ist dort annähernd lichtecht und im ölhaltigen Film übrigens auch trocknungsbeschleunigend. In Leimen und ölarmen Emulsionen sind Bräunungen möglich.

Chromoxidgrün stumpf

Chromoxidgrün feurig

Kobaltgrün

Grüne Erde

Grünspan

Kasseler Braun

Grünspan ist allerdings gesundheitsschädlich und nur noch selten zu kaufen. Angeboten wird heute jedoch auch ein ungiftiges synthetisches Pigment gleichen Namens.

Anmerkung:
Man darf nicht vergessen, dass Grün in Bildern meist aus Blau und Gelb ermischt wird. Auch bei vielen der angebotenen fertigen grünen Malfarben handelt es sich um Pigmentmischungen aus blauen und gelben Pigmenten. Solche Mischgrüne sind zum Beispiel Kadmiumgrün, Zinnobergrün oder Zinkgrün, das bekannteste ist jedoch Chromgrün. Es bestand aus einer Mischung von Chromgelb (und war daher gesundheitsschädlich!) und Preußischblau, wird heute aber durch umweltfreundliche Typen ersetzt.

Braunpigmente

Umbra

Umbra natur und gebrannt Umbren wurden früher vorwiegend in Zypern gegraben und seit der Frühgeschichte zum Malen verwendet. Die Farbtonskala ist sehr breit: Die Nuancen reichen von dunklen Ockertönungen über leicht olivgrüne Sorten bis hin zu tiefem Braun, was vom jeweiligen Mangananteil abhängt. Durch Brennen wechselt die Farbtönung des Umbra ins Rötlichbraun, man spricht dann von gebrannter Umbra. Umbra ist in allen Techniken und mit allen Pigmenten verwendbar. In der Ölmalerei ist es jedoch in Untermalungen weniger empfehlenswert, da es häufig nachdunkelt und oft durchwächst. Umbra ist jedoch verzichtbar, da diese Töne problemlos aus anderen Farben ermischt werden können, zum Beispiel aus Ocker, gebrannter Siena und Elfenbeinschwarz.

Kasseler Braun (auch van-Dyck-Braun oder Kölnische Erde) wird seit etwa dreihundert Jahren als Pigment in der Ölmalerei verwendet. Es ist eine Art Braunkohle, die im Tagebau gefördert wird (früher bei Kassel oder Köln, daher der Name). Beste Sorten wirken im Deckanstrich zwar bräunlich bis schwarz, sind aber in der Lasur von größter Farbtiefe und Leuchtkraft. Kasseler Braun ist wenig lichtecht, wegen seines hohen Bindemittelbedarfs trocknet es relativ langsam, bleibt lange weich und kann Übermalungen zum Reißen bringen. Außerdem neigt es zum Durchwachsen. Darum sollte man auch hier lieber auf Mischungen (s. Umbra) ausweichen, zumindest in deckenden Aufträgen. In der Lasur ist Kasseler Braun trotz seiner mangelnden Lichtbeständigkeit von großer Brillanz.

Anmerkung:
Vor der Mitte des 16. Jahrhunderts spielten braune Pigmente in Bildern kaum eine Rolle. Sie gewannen erst mit der sogenannten tonigen Malerei an Gewicht. Brauntöne bestanden zuvor meist nur aus Mischungen von bunten und unbunten Pigmenten.

Schwarzpigmente

Pflanzenschwarz wird durch Verkohlen von Holz oder pflanzlichen Abfällen gewonnen. Je nach Ausgangsmaterial können auch andere Benennungen wie Rebschwarz, Holzkohlenschwarz oder Hefeschwarz auftreten. Das in Malfarben gängigste Pflanzenschwarz ist Rebschwarz. Dieses farb-

kräftige, etwas gräuliche Schwarzpigment ist sehr lichtecht und mit anderen Pigmenten verträglich. Es hat jedoch auch einen sehr hohen Bindemittelbedarf und trocknet sehr langsam.

Beinschwarz (Elfenbeinschwarz) ist das wohl bekannteste schwarze Pigment für die Malerei; es wird durch Destillieren gereinigter Knochen (früher aus Elfenbein, daher der Name) hergestellt. Es ist ein besonders schönes Schwarz mit einem Hauch zu Graublau, von gutem Deckvermögen, das in der Ölmalerei sehr gut eingesetzt werden kann.

Ruße

Ruße sind feinteilige, stark färbende Pigmente mit meist hohem Bindemittelbedarf: Daher trocknen sie sehr langsam. Sie werden seit dem Altertum verwendet und sind überaus lichtbeständig. Aufgrund ihres starken Färbevermögens werden sie vor allem in Aquarellfarben und Tuschen als Farbmittel eingesetzt. Für die Ölmalerei von Bedeutung ist **Lampenschwarz,** auch Flammruß genannt, das früher durch Abbrennen spezieller Dochtlampen hergestellt wurde. Es sind Ruße von tiefstem absoluten Schwarz, die praktisch aus reinem Kohlenstoff bestehen und das höchste Deck- und Färbevermögen aller Schwarzpigmente besitzen. **Holzruß** wird durch Verbrennung verschiedener Hölzer gewonnen. Bei besonders harzreichem Kiefernholz erhält man ein gräuliches Schwarz, aus Buchenholz wird Kienruß und echter brauner Bister gewonnen.

Manganschwarz kann, neben natürlichen Vorkommen, auch künstlich hergestellt werden. Dieses synthetische Pigment ist sehr preisgünstig und wird daher gern in billigen Ölfarben verarbeitet, zumal es auch die Öltrocknung fördert.

Schieferschwarz (Erd-, Öl- oder Mineralschwarz), ein dunkelfeiner, kohlenstoffhaltiger Tonschiefer, der bergmännisch abgebaut wird, kann auch zum Malen verwendet werden. So diente Tonschiefer vor allem früher auch als schwarze Kreide zum Zeichnen. Der Ölmaler kann sie für seine Aufzeichnungen verwenden.

Eisenoxidschwarz Erst Anfang unseres Jahrhunderts begann man neben gelben und roten Eisenoxidpigmenten auch Oxidschwarz synthetisch herzustellen. Es ist vollkommen lichtecht, sehr wetterfest und in allen Techniken einsetzbar. Aufgrund dieser Eigenschaften beginnt es längst, die klassischen Schwarzpigmente immer mehr zu verdrängen.

Anmerkung:
Nicht alle schwarzen Partien in Gemälden weisen immer schwarze Pigmente auf. Manchmal ist dieses Schwarz auch nur eine Mischung aus z. B. dunklem Blau und roten Farblacken.

Füllstoffe

Füllstoffe benötigt man für Grundierungen. Mit ihnen wird die Saugfähigkeit der Grundiermasse reguliert. Der gebräuchliste Füllstoff ist **Kreide.** Besonders empfehlenswert ist die sehr reine, klumpenfreie Champagnerkreide, ein weißes Pulver mit geringem Feuchtigkeitsgehalt. Der Kreide verwandt sind Kalkspat, Marmormehl und Steinkreide.

Manganschwarz

Schieferschwarz

Eisenoxidschwarz

Bindemittel und Harze

Bindemittel für die Ölmalerei sind entweder flüssige Verbindungen oder Lösungen fester Stoffe. Sie haben die Funktion, die Farbmittelteilchen untereinander und mit dem Untergrund zu verbinden. Man unterscheidet generell zwischen pflanzlichen, tierischen und synthetischen Bindemitteln bzw. ihrer Zusammensetzung nach zwischen harzhaltigen, eiweißstoffhaltigen etc. Bindemitteln. Handelt es sich um ein Bindemittel, das ohne Zugabe von Lösemitteln verarbeitet wird, basiert der Trocknungsvorgang auf einer inneren chemischen Umsetzung der Bindemittelsubstanz. Ist das Bindemittel mit einem Lösungsmittel gemischt bzw. gelöst worden, trocknet es durch Verdunstung des Lösemittels auf.
Viele Bindemittel werden auch zum Firnissen eingesetzt oder als Malmittel verwendet. Als Malmittel bezeichnet man alle Substanzen, die den Farben beim Malen beigemischt werden, um ihre Vermalbarkeit zu verbessern.

Trocknende Öle

Für die Ölmalerei sind die sogenannten trocknenden Öle (chemisch trocknendes Bindemittel) – auch als fette Öle bezeichnet – am wichtigsten: Dies sind pflanzliche Öle, die durch Aufnahme von Sauerstoff trocknen, der in die Ölmoleküle eingebettet wird. Dabei geht das flüssige Öl erst in eine fest-elastische dünne Schicht, den sogenannten „Film" über, der die Pigmente einlagert und beim Trocknen auf dem Untergrund befestigt. Dieser sogenannte Oxidationsvorgang dauert einige Zeit. Erst, wenn er abgeschlossen ist, ist der Film völlig hart und auch für Lösemittel unlöslich. Maltechnisch von Bedeutung sind Leinöl, Walnussöl, Sonnenblumenöl, und Mohnöl. Als Lösemittel für diese Öle können u. a. Terpentinöl oder Testbenzin verwendet werden. Leinöl trocknet je nach Zusammensetzung und äußeren Bedingungen im dünnen Film fünf bis zwölf Tage. Nussöl, Mohnöl und Sonnenblumenöl besitzen eine noch längere Trockenzeit, sodass man ihnen Trocknungsbeschleuniger in Form von Sikkativen beigeben muss.

Leinöl wird aus den Samen der für die Ölgewinnung gezüchteten Lein- bzw. Flachspflanze gewonnen. Für die Künstlerfarbenherstellung eignet sich nur entschleimtes, sehr helles sogenanntes Lackleinöl mit einer Säurezahl zwischen vier und sechs.

Leinölstandöl wird aus Lackleinöl gekocht. Es trocknet wesentlich länger als normales Leinöl und ist darum in der Ölmalerei ein sehr geschätztes Malmittel, wenn ein Bild länger nass in nass bearbeitet werden soll.

Walnusskernöl wird aus den Kernen von Walnüssen gepresst und ist gelblich. Es wurde früher in Italien häufig verwendet, und schon Leonardo da Vinci hat es bereits erwähnt. Heute spielt es wohl aufgrund seines hohen Preises kaum noch eine Rolle in der Ölmalerei.

Mohnöl wird etwa seit dem 17. Jahrhundert in der Malerei verwendet. Weil es nicht so sehr zum Gilben neigt, wird es besonders gern zum Anreiben weißer Pigmente herangezogen. Aufgrund der geringen Trocknungsneigung lassen sich reine Mohnölfarben besonders lange nass in nass vermalen.

Sikkative sind Lösungen von Trockenstoffen in Lösemitteln oder lösliche Metallverbindungen. Sie werden verwendet, um die Trockenzeit der Öle zu verkürzen. Sikkative sollten jedoch nur sehr umsichtig eingesetzt werden, denn im Übermaß angewandt lassen sie den Film runzeln und vergilben und verhindern ein gleichmäßiges, solides Durchtrocknen.
Bei der Arbeit mit gekauften Ölfarben weiß man nicht, wieviel Trockenstoff sie schon beinhalten. Es ist daher stets ein Risiko, sie nachzusikkativieren. Ein vorzüglicher und zuverlässiger Trockner, der zu einer gleichmäßig ablaufenden Verfilmung führt, den Film elastisch hält und Weißfarben nicht verfärbt, ist Kobaltsikkativ (es darf aber nur tröpfchenweise zugefügt werden).

Harze

Dammar werden in Indonesien generell alle Harze genannt. Nur die helleren Sorten in großen Stücken sind für die Malmittelherstellung geeignet. Die beste Sorte ist der sogenannte Bataviadammar aus Sumatra. Dammarharze sind in Terpentinöl und in Testbenzin löslich, in Alkohol jedoch nur unvollständig. Dammarharzlösungen werden nicht nur als Binde- und Malmittel geschätzt, sondern – wie viele andere Harze – auch gern als Firnis eingesetzt. Im Fachhandel wird fertiger „Dammarfirnis“ angeboten, man kann ihn aber auch selbst herstellen (s. S. 185). Dieser Firnis gilbt nicht so stark wie Mastixfirnis , trocknet aber mit einer leicht spröden, und dennoch gut wieder lösbaren Firnisschicht auf.

Dammar

Mastixharz ist blassgelb und es schmeckt übrigens köstlich. Es wird in sogenannten „Tränen“, meist von der Insel Chios, gehandelt. Mastix ist ein bisschen härter als Dammarharz und in Terpentinöl und auch Alkohol löslich. Es gilbt jedoch stärker. Lösungen von Mastix in Terpentinöl sind als Mastixfirnisse im Handel, man kann diese aber auch selbst herstellen.

Zyklohexanonharze sind wasserhelle, sehr beständige neutrale Kunstharztypen mit höchster Lichtechtheit. Sie trocknen allein oder in Mischung mit fetten Ölen in elastischen, gut haftenden Filmen auf. Sie sind aber nicht nur in Alkohol löslich, sondern auch in Testbenzin oder Terpentinöl.

Zyklohexanonharze

Alkydharze bestehen aus kompliziert aufgebauten chemischen öligen und harzigen Substanzen von sirupartiger Konsistenz, die mit Terpentinöl verdünnbar sind. Sie trocknen in dünnem

Auftrag rasch an und werden erst im Laufe der Zeit völlig terpentinöl-unlöslich. Alkydharzfarben können mit Ölfarben vermischt werden, wodurch die Antrockenphase der ersteren verlangsamt (Alkyd) und im Gegenzug die Trockenzeit der Ölfarben beschleunigt wird. Alkydharzlösungen werden auch in Malmitteln eingesetzt. Mit diesen Malmitteln und reiner Ölfarbe kann man Alkydharz-Ölfarbe selbst anfertigen und auf den persönlichen Bedarf abstimmen.

Acrylharze werden chemisch aus bestimmten Acryl- und Methacrylsäuren hergestellt, die seit Anfang dieses Jahrhunderts bekannt sind und inzwischen in der Mal- und Anstrichtechnik eine enorme Rolle spielen. Sie sind entweder fest, in Lösemitteln gelöst oder aber feinst verteilt in sogenannten wässrigen Dispersionen erhältlich (s. u.). Für den Kunstbedarf dienen Halbfertigfabrikate der chemischen Großindustrie – meist die der Methacrylsäure – zur Herstellung besonders lichtechter, elastischer und gut haftender Firnisse. Diese sind alterungsbeständig und können auch als Isolierer auf saugenden Malgründen dienen. Acryldispersionen werden für die Herstellung von Acryl-Malmitteln verwendet.

Die angesprochenen Kunststoffdispersionen sind Bindemittelsysteme unterschiedlicher chemischer Zusammensetzung, die heute vor allem in der Anstrichmittel- und Klebstoffindustrie als Binde- und Klebemittel eingesetzt werden. Als Malmaterial sind Kunststoffdispersionen die Nachfolger der alten Temperaemulsion. In „Dispersionsmalfarben" der Künstlerfarbenindustrie werden heute aber fast ausschließlich Acrylharz-Dispersionen verwendet.

Tierische Leime bestehen aus Eiweißstoffen (Proteinen) und sind sogenannte organische Bindemittel. Wässrige Lösungen von Leimen sind schon seit der Antike als Bindemittel für Mal- und Anstrichfarben bekannt. Leime basieren auf den in tierischer Haut, Knochen und Knorpeln vorhandenen Kollagenen. Mit Hilfe von heißem Wasser oder Wasserdampf werden diese aufgelöst, wobei sogenannte Glutine entstehen. Dieses Glutin ist der Hauptbestandteil von Leim. Es gibt verschiedene Leimsorten, die nach dem jeweiligen Ausgangsstoff benannt sind: Knochen-, Haut-, Hasen-, Leder- und sogar Fischleim. Die Sorten unterscheiden sich in Farbe, Trockenverhalten, Haftvermögen und Handelsformen untereinander. Sie werden meist als Bindemittel in Grundierungen eingesetzt.

Bienenwachs ist in Terpentinöl, Benzin und in fetten Ölen löslich und lichtecht. Es gehört zu den beständigsten organischen Substanzen überhaupt, wenn es auch auf Wasser empfindlich reagiert. Bienenwachslösungen in Terpentinöl kann man sehr gut als matten Schlussfirnis für durchgetrocknete Öl- und Temperabilder verwenden. Sogar Acrylbilder wirken mit einem Bienenwachsfirnis dann wie Ölbilder: Nach dem Auftrag wird die zunächst noch matte Oberfläche mit einer weichen Bürste oder einem sauberen Stofflappen leicht poliert und erhält dadurch sanften Glanz. Wachsfirnisse lassen sich auch besonders leicht wieder vom Bild entfernen. Bienenwachs kann – in kleinen Mengen eingesetzt – zudem dazu verwendet werden, Ölfarben zu stabilisieren und einer eventuellen Pigment-Bindemittel-Entmischung vorzubeugen.

Lösemittel für die Ölmalerei

Terpentinöl ist das wichtigste Lösemittel und zugleich auch das Malmittel der Ölmalerei schlechthin. Es ist aber kein Bindemittel! Terpentine sind Balsame (honigartige zähe Flüssigkeiten, die bei Verletzungen der Rinden an Bäumen hervortreten) von Nadelbäumen, auch Koniferenbalsam genannt. Balsame bestehen aus einer Mischung von Harz und ätherischen Ölen, die durch Destillation voneinander getrennt werden. Das dabei gewonnene ätherische Öl nennt man Terpentinöl oder auch Balsamterpentinöl. Da sich in normalem Balsamterpentinöl häufig noch Harzrückstände befinden, wird dieses durch nochmaliges Destillieren weiter gesäubert. Man bezeichnet das gesäuberte Balsamterpentinöl als „rektifiziert" (= destilliert). Arbeitet man beim Verdünnen der Ölfarben oder beim Firnissen mit ungereinigtem, harzhaltigen Terpentinöl, kann ein Nachkleben auftreten. Vorsicht: Terpentinöle, Balsamterpentinöle und Malmittel, die diese enthalten, können bei Allergikern Hautreizungen auslösen (Malerkrätze). Verpackungen, die Terpentinöl enthalten, müssen deshalb gekennzeichnet sein.

Terpentinfreie Lösemittel werden aus spezifisch ähnlichen Kohlenwasserstoffen den natürlichen Terpentinölen „nachgebaut" und wirken darum chemisch sehr ähnlich auf Harze und Wachse. Ihnen werden Zitrus- oder Orangenöle zugemischt, daher der oft angenehme Geruch. Diese Art Lösemittel eignen sich auch zum Lösen von Harzen und Wachsen oder zum Verdünnen von Ölfarben.

Testbenzin (Lackbenzin) ist ein Gemisch verschiedener Kohlenwasserstoffe, das sich bei guter Qualität als Löse- und Verdünnungsmittel für Ölfarben und Harze eignet. Bisweilen erscheint es unter dem Namen Terpentinölersatz.

Rezepte

1. Herstellung von Grundierungen

Leimbereitung
Zuerst lässt man
70 g **Knochen-, Hasen-** oder Hautleim in
1000 g (= 1 l) **Wasser**
ca. 12 Stunden über Nacht im Wasser vorquellen.

Dann wird die Masse im Wasserbad gerührt und erwärmt, jedoch nicht über 60 °C, da der Leim sonst zu stark abgebaut wird. Mit ein paar Tropfen Nelkenöl kann man die Mischung konservieren. Man sollte aber nur so viel Leim ansetzen, wie man benötigt.

Kreidegrund
Zum Spachteln

1 Anteil **Kreide**
1 Anteil **Lithopone Rotsiegel** oder **Deckweiß**
1 Anteil der **Leimbereitung,** wie oben

---

3 Anteile **Kreidegrund zum Spachteln**

Der Kreidegrund wird dann gründlich durchmischt. Diese relativ dicke Grundierung kann z. B. auf weitmaschigem Gewebe mehrere Male dünn übereinander „gespachtelt“ werden.

Für Pinselauftrag
Soll die Grundierung mit einem Pinsel aufgetragen werden, muss sie etwas dünner und flüssiger sein. Dies erreicht man, indem man den Kreidegrund mit der doppelten Menge des gequollenen Leims aufbereitet oder mit Wasser (ca. 1:1) verdünnt.

„Moderner“ Halbkreidegrund

3 Anteile **Kreidegrund,** wie oben
1,3 Anteile **Alkydharz-Malmittel** (früher „sikkativiertes Leinöl“)

3,3 Anteile **Halbkreidegrund**

Je höher der Alkydharz-Anteil ist, desto geringer ist die Saugfähigkeit der Grundierung: Sie trocknet dann langsamer, glänzender und glatter auf, und die Ölfarbe „rutscht“ besser, d. h. sie saugt sich weniger in den Untergrund.

Dispersionsgrund
Einen Dispersionsgrund herzustellen, wie er im Handel angeboten wird, ist etwas schwieriger. Zuerst wird die Mischung:

1 Anteil **Lithopone/Deckweiß**
1 Anteil **Kreide**

in ein verschließbares Gefäß gegeben und so mit Wasser aufgefüllt, dass die Pigmentmischung vollständig bedeckt ist. Dieses Gemisch wird dann gut durchgerührt und über Nacht stehen gelassen, damit die Pigmentmasse das Wasser in sich aufsaugen kann, ein Vorgang, der auch „Einsumpfen“ genannt wird.

Am nächsten Tag wird das überschüssige Wasser von oben abgegossen, und dann werden:

2 Anteile der wässrigen **Pigmentmasse**
1 Anteil **Kunststoff-Dispersion** gründlich eingerührt

---

3 Anteile **Dispersionsgrund**

Tipp:
Für den ersten Grundiergang kann die Dispersion nochmals mit einem Viertel Wasseranteil weiter verdünnt werden, damit sie – gerade in saugende Träger – besser eindringt. Und falls nötig, kann eine im Verhältnis 1:1 mit Wasser verdünnte Dispersion während der Arbeit ebenfalls weiter verdünnt werden. Zudem kann mit einer solchen Dispersion dünn vorgeleimt werden.

2. Herstellung von Eitempera

Vor dem Anreiben von Pigmenten ist immer zuerst die Emulsion herzustellen. Bei einer guten Emulsion darf keine Trennung von Öl und Wasser eintreten. Sie muss ohne zu klumpen mit Wasser in jedem Verhältnis mischbar sein. Hier dient hauptsächlich das Eigelb als Emulgator; sein Lezithin erleichtert das Emulgieren der wässrigen und öligen Anteile. Es empfiehlt sich, die Emulsion immer frisch zuzubereiten, also immer nur soviel, wie auch binnen Kurzem verbraucht wird. Für Rezepturen sind eine Unmenge Vorschläge gemacht worden, und fast jeder Maler besitzt in diesem Fall sein eigenes Rezept. Grundsätzlich gilt bei den hier vorgestellten Rezepten, dass sich die Maßeinheit (= Anteil) immer auf ein ganzes Hühnerei (Eiweiß und Eigelb) bezieht.

Die jeweiligen Zutaten müssen immer in folgender Reihenfolge
- **zuerst das Ei,**
- **dann die ölige Komponente**
- **zum Schluss das Wasser,**

nacheinander und unter fortwährendem Schütteln in eine Flasche abgefüllt werden. Auch besonders zu beachten ist: Auf ein Eivolumen wässriger Malmittel darf nur je ein Eivolumen nichtwässriger Malmittel kommen! Die Emulsion ist fertig, wenn eine weiße, dünne Masse entstanden ist, die kühl und gut verschlossen aufbewahrt werden sollte.

Diese wird anschließend pigmentiert, also mit Farbmitteln versetzt, und kann dann sowohl mit Terpentinöl als auch mit Wasser verdünnt werden. Zu beachten ist, dass dies eine Entweder-Oder-Regelung ist, d.h., wird die Temperafarbe z.B. nur in der Untermalung für Ölmalerei eingesetzt, wird sie am besten nur mit Wasser verdünnt. Bei einer reinen Temperamalerei wird sie dann im schichtenweisen Aufbau abwechselnd mit Terpentinöl und Wasser verdünnt. Im Aufstrich wird so verhindert, dass sich die Schichten gegenseitig wieder anlösen.

Eitempera mit Dammarlösung

1	Anteil	Inhalt eines ganzen **Hühnereis**
1	Anteil	**Dammarlösung** 35%ig in Terpentinöl
1	Anteil	**Wasser**

Bei diesem Rezept handelt es sich um eine „Stammlösung", d.h. sie kann – je nach gewünschter Dicke – jeweils noch um 0,5–1,5 Anteile mit Wasser weiter verdünnt werden.

Eitempera mit Leinöl oder Alkydharz-Malmittel

1	Anteil	Inhalt eines ganzen **Hühnereis**
1	Anteil	**Leinöl** oder **Alkydharz-Malmittel**
1	Anteil	**Wasser**

Auch dies ist eine „Stammlösung", die jeweils noch um 0,5–1,5 Anteile mit Wasser verdünnt werden kann.

3. Herstellung von Ölfarben

Ölfarben selber herzustellen, hat den Vorteil, dass man auf ganz „eigene" Weise mit dem Material vertraut wird. Man benötigt dazu neben einem Glasläufer auch eine Reibplatte aus Glas und einen sauberen Malspachtel und natürlich Pigmente und Leinöl.

Hat man sich einmal zum Herstellen von Ölfarben entschlossen, wird man aus rationellen Gründen immer gleich mehrere Farben anreiben. Dabei beginnt man zuerst mit den hellen Tönen, von Weiß übergehend zu Gelb, dann Rot usw. Große Vorsicht ist beim Einsatz giftiger Pigmente geboten!
Das Pigment wird zuerst mit etwas Leinöl auf der Glasplatte angemischt. Mit leichtem Druck wird unter den kreisenden Bewegungen des Glasläufers die Menge ausgewalzt. Die Paste wird mit zunehmendem Reiben immer flüssiger. Am Ende wird das gesamte Pigment-Leinöl-Gemenge noch einmal kurz durchgemischt. Gute Ölfarbe sollte so dick angerieben werden, dass sie gut stehen bleibt. Wenn die Ölfarbe zu flüssig geraten ist, gibt man weitere Pigmente hinzu; ist sie zu dick, fügt man noch ein wenig Leinöl hinzu. Die so angeriebene Ölfarbe wird von der Reibplatte auf Tuben gezogen, die im Fachhandel erhältlich sind, oder in kleine wiederverschließbare Dosen abgefüllt.

Tipp:
Werden Ölfarben beim Malen zu stark mit Terpentinöl verdünnt, ist der An-

strich bindemittelarm. Auf stark saugenden Malgründen werden Ölfarben dadurch matt und verlieren ihren Glanz. Man spricht dann von eingeschlagenen Ölfarben. Diese Stellen kann man dann mit Retuschierfirnissen oder auch stark verdünntem Leinöl überziehen und sie so wieder „herausholen“.

Harzölfarben bestehen meist neben dem Bindemittel aus sikkativiertem Leinöl auch aus Lösungen von Naturharzen in Terpentinöl. Sie können von außergewöhnlicher Qualität sein, denn sie erlauben sowohl in der Unter- als auch in der Übermalung eine Schichtenmalerei, die fest durchtrocknet.

Mattölfarben entstehen durch Beimischungen von ein wenig Wachsharzfirnis oder Bologneser Kreide. Eine Öltempera kann man aus Ölfarben und Tempera-Emulsion herstellen.

4. Herstellung von Malmitteln und Firnissen

Firnisse von Mastix und Dammar werden immer in Terpentinöl gelöst. Malmittel mit bzw. aus Mastix- oder Dammarfirnis trocknen rasch, gilben kaum, erlauben bisweilen ein leichteres Übermalen von Farbschichten und lassen die Ölfarben transparenter und leuchtender wirken. Allerdings sollte man sie nur als Zusatz zu Malmitteln verwenden, denn in reiner Form eingesetzt, werden die Farben zu spröde.

Malmittel schnell trocknend (Stammlösung)

3 Anteile **Terpentinöl,** gereinigt
1 Anteil **helles Dammarharz**

4 Anteile **Dammarlösung,** 25%ig in Terpentinöl

Diese 25%ige Dammarlösung ist ein trocknungsbeschleunigendes Malmittel für Ölfarben. Manche Maler ziehen stärkere Verdünnungen vor. Das gereinigte Terpentinöl wird in ein Schraubglas gefüllt und das Dammarharz in einem Teestrumpf oder einem ähnlichen Behältnis aus Baumwolle eingehängt. Das Harz wird dazu besser nicht zerkleinert. Je nach Masse ist das Dammar meist schon über Nacht gelöst. Auch Mastix- oder Zyklohexanonharz werden auf diese Weise gelöst, jedoch dauert dies länger. Am einfachsten arbeitet man daher mit Dammar.

Nach vollständiger Auflösung des Harzes wird die entstandene Lösung in einem Glastrichter durch eine zwei- oder dreifache Lage Papierkaffeefilter gefiltert. Leichte Trübungen der Lösungen sind dabei normal.

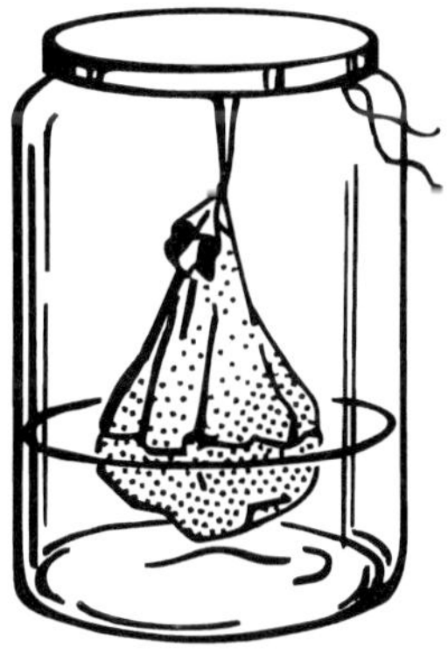

In einem Säckchen aus Baumwolle wird das Harz zum Lösen in Terpentinöl gehängt.

Malmittel langsam trocknend

1	Anteil	**Stammlösung**, wie oben
2	Anteile	**Mohnöl**
3	Anteile	**langsam trocknendes Malmittel**

Soll die Trocknungsverzögerung abgekürzt werden, muss mit Leinöl weitergearbeitet werden. Wenn sie hingegen stärker ausfallen soll, muss der Mohnölanteil erhöht werden.

Schlussfirnis

1	Anteil	**Stammlösung**, wie oben
0,5	Anteile	**Balsamterpentinöl**, rein
1,5	Anteile	**Schlussfirnis** für Ölbilder

Je nach gewünschtem Glanzgrad kann mit mehr oder weniger Terpentinöl verdünnt werden.

Retuschier- bzw. Zwischenfirnis

Retuschier- oder Zwischenfirnisse sind stark verdünnte Schlussfirnisse, deren Verdünnungsgrad der aktuellen Bildsituation angepasst wird. Man kann dem Firnis auch eine Bienenwachspaste zusetzen (s. u.). Dies gilt grundsätzlich auch für Zyklohexanon-, Dammar- und Mastixharzfirnisse, die noch stärker verdünnt werden können.

Alkoholischer Mastixfirnis

8	Anteile	**Äthylol-Alkohol**
2	Anteile	**Mastix**
10	Anteile	**Mastix-Alkohol-Firnis**

Das Harz wird in Alkohol aufgelöst und danach gefiltert. Alkoholfirnisse werden meist als Zwischenfirnis oder auch als Retuschierfirnis, etwa zum Herausholen matter, eingeschlagener Stellen verwendet. Vorsicht: Alkohole besitzen eine starke Lösewirkung auf getrocknete Ölfarbenfilme. Für das Arbeiten mit einem Alkoholfirnis auf einem Ölbild braucht man daher ein wenig Übung.

Mattfirnis

Bienenwachspaste

2	Anteile	**Balsamterpentinöl**
1	Anteil	**Bienenwachs**, rein
3	Anteile	**Bienenwachspaste**

Das Wachs wird in Terpentinöl bei 65–70 °C im Wasserbad erhitzt. Dabei sollte mit großer Vorsicht vorgegangen werden, da Terpentin feuergefährlich ist. Solche Wachspasten können dann mit dem Pinsel pur aufgetragen werden. Man kann sie auch einem Schlussfirnis zusetzen.
Ein solcher „Harzwachsfirnis" trocknet mit einem angenehmen, jedoch nicht künstlich wirkenden Seidenglanz. Werden Bienenwachspasten Ölfarben zugesetzt, wird deren Konsistenz etwas buttrig, und sie erhalten dann eine duftige, angenehm stumpf-matte Wirkung. Auch für die Herstellung von Harzwachsfarben mit Dammarfirnis sind diese Wachse gut geeignet.

Literatur

Zur Ölmalerei

Bagnall, B. u. U., Hille, A.:
- Ölmalerei – einfach anfangen. Ravensburg 1996 (2. Aufl.).
- Stillleben – malerischer Alltag. Ravensburg 1993.
- Menschen – Porträt, Figur, Akt. Ravensburg 1994.
- Landschaften – Berge, Felder, Wiesen. Ravensburg 1994.

Art Academy. Ravensburger Buchverlag.

Smith, R.: Ölmalerei. Eine Einführung. Ravensburger Buchverlag, Ravensburg 1996.

Techniken der Malerei

Doerner, M.: Malmaterial und seine Verwendung im Bilde. Ferdinand Enke Verlag, Stuttgart 1994, 18. Aufl., neu bearbeitet von Thomas Hoppe.

Schramm, H. P. & Hering, P.: Historische Malmaterialien und ihre Identifizierung. Ferdinand Enke Verlag, Stuttgart 1995.

Wehlte, K.: Werkstoffe und Techniken der Malerei, Reprint der Originalausgabe. Ravensburger Buchverlag, Ravensburg 1996 (4. Aufl., 3. Druck).

Zur Farbe

Gage, J.: Kulturgeschichte der Farbe. Ravensburger Buchverlag, Ravensburg 1994.

Itten, J.: Kunst der Farbe. Studienausgabe. Ravensburger Buchverlag, Ravensburg 1996 (23. Aufl.).

Itten, J.: Kunst der Farbe. Ravensburger Buchverlag, Ravensburg 1995 (10. Aufl.).

Matthaei, R. (Hrsg.): Goethes Farbenlehre. Ravensburger Buchverlag, Ravensburg 1988 (2. Aufl.).

Pawlik, J.: Praxis der Farbe. Bildnerische Gestaltung. Du Mont, Köln 1981.

Zur Perspektive

Rotgans, H.: Räumliches Zeichnen. Ravensburger Buchverlag, Ravensburg 1995 (7. Aufl.).

Smith, R.: Perspektive. Zeichnen und Malen. Ravensburger Buchverlag, Ravensburg 1996.

Striegel, O.: Perspektive – Reine Ansichtssache. Ravensburger Buchverlag, Ravensburg 1993.

Zur Anatomie

Menschen

Bammes, G.: Die Gestalt des Menschen. Standardwerk Ravensburger Buchverlag, Ravensburg 1995 (2. Aufl.).

Rubins, D. K.: Anatomie für Künstler. Ravensburger Buchverlag, Ravensburg 1996 (14. Aufl.)

Tiere

Bammes, G.: Die Gestalt des Tieres. Ravensburger Buchverlag, Ravensburg, 1986.

Glossar

Abstraktion
Im allgemeinen Sprachgebrauch bedeutet Abstraktion meist eine Vereinfachung, Verfremdung oder aber die Reduzierung eines Gegenstandes oder einer Sache auf die wesentlichen Bestandteile. In der Kunstgeschichte ist die abstrakte Kunst eine stilweisende Tendenz des 20. Jahrhunderts, die der Lösung vom Gegenständlichen und dessen Abbildung gleichkommt. Anstelle der genauen, naturgetreuen Wiedergabe eines Motivs interessiert dabei das Zusamenspiel von Farbe und Formen. Das erste abstrakte Bild wurde 1910 von Wassily Kandinsky gemalt.

Enkaustik
Eine Maltechnik, die sich in der Antike entwickelte und in der die Pigmente mit punischen Wachsen (s. u.) gebunden wurden. Anschließend wurden diese Wachsfarben mit einem heißen Eisenspachtel oder Pinseln hart oder flüssig auf dünne Holzbrettchen aufgetragen.

Expressionismus
Künstlerische Bewegung im frühen 20. Jahrhundert, die sich bewusst gegen die Anschauungen des Impressionismus wandte. Es galt, nicht das rein Wahrnehmbare festzuhalten, sondern das seelisch Erfahrbare zum Ausdruck zu bringen, weswegen man auch von Ausdruckskunst spricht.

Grisaille
Eine nur graue Tonwerte verwendende Malerei. Sie erscheint als bewusster Farbverzicht zum ersten Mal in der Zisterziensischen Glasmalerei des 12. Jahrhunderts. Die Bezeichnung Grisaille wird auch für die Untermalung von Gemälden in grauen Farbtonabstufungen verwendet, die als vorbereitende Unterlage für den Farbauftrag der Verteilung der dunklen und hellen Flächen dient.

Impressionismus
Stilrichtung, die zwischen 1860 und 1870 in Frankreich aufkam. Der Begriff geht auf ein Bild von Claude Monet zurück, einer Landschaftsdarstellung mit dem Namen „Impression, soleil levant“ (1872). Im Mittelpunkt des Interesses standen klare und helle Licht- und Farbeindrücke, die im Gegensatz zur Ateliermalerei, nun auch im Freien beobachtet wurden, was den Impressionismus auch zur „Freilichtmalerei“ werden lässt. Die Landschaftsmalerei war eines der Hauptthemen. Im Bereich der Grafik waren es vor allem Pastelle, in welchen die Impressionisten den für ihre Kunst typischen flüchtigen Eindruck, das Stimmungshafte, die Impression, wiedergeben konnten.

Kubismus
Die ersten Künstler, die das Prinzip des Kubismus (vom lateinischen Wort cubus, Würfel, abgeleitet) anwandten, waren Picasso und Braque. Sie wurden von der Idee Cézannes beeinflusst, die Natur über die Grundformen Zylinder, Kugel und Kegel erfassen zu können. Waren diese Grundformen für Cézanne eine Hilfe zur gegenständlichen Darstellung, wurden sie bei den Kubisten zur Kunst an sich. Das Motiv wird dabei in tatsächlich vorhandene oder angenommene Formen aufgelöst dargestellt. Dies kann bis zur völligen Abstraktion führen.

Luftperspektive
Bei der Luftperspektive handelt es sich um eine rein optische Perspektive.

Zwischen einem Betrachter und einem Objekt befindet sich ein mit Luft gefüllter Zwischenraum. Je weiter sich der Betrachter von dem Gegenstand entfernt, desto mehr Luft und auch Dunst liegt zwischen ihnen. Daher werden nahe liegende Dinge oft als dunkler und farbintensiver wahrgenommen, in der Ferne liegende verschwommener und heller.

Monochrom
Monochrom bedeutet einfarbig, das Monochrom ist also ein einfarbiges Gemälde. In der zeitgenössischen Malerei hat sich die Monochrome Malerei ca. seit 1955 als Stiltendenz herausgebildet. Der Aufbau des Bildes beruht dabei auf einer einzigen Farbe, die entweder mit Weiß aufgehellt oder mit Schwarz abgedunkelt wird.

Negative Fläche
„Leere" Räume zwischen den einzelnen Objekten des Motivs oder zwischen Rand und Motiv.

Optische Mischung
Eine optische Mischung kann durch Überlagern oder Nebeneinandertupfen verschiedender Farben erzielt werden. Aus der Entfernung werden diese Farbtupfen im Auge des Betrachters als farbliche Einheit wahrgenommen.

Plastizität
Als plastisch werden in jeder Kunstgattung alle körperhaften, nicht flächig wirkenden Formen bezeichnet. Ein Maler und Zeichner kann durch unterschiedliche Techniken, durch Schatten, durch Farbe oder durch Schraffur, die Illusion von Räumlichkeit und Körperlichkeit auf einer zweidimensionalen Fläche hervorzurufen.

Plein air
Dieser Begriff aus dem Französischen (= freie Luft) bezieht sich auf das Malen im Freien. In dieser Situation werden meist Alla-Prima-Techniken eingesetzt.

Pointillismus
Der Name leitet sich vom französischen Wort „point", Punkt, ab und beschreibt die Malweise, ein Bild aus vielen einzelnen Punkten aufzubauen. Als Begründer des Pointillismus gilt Seurat, weitere bekannte Vertreter waren Pissarro und Signac.

Positive Fläche
Objektflächen, bzw. Formen auf dem Papier. Negative und positive Flächen bedingen sich immer gegenseitig.

Punische Wachse
Eine Art Natron-Wachs-Kalkseife, die man in der Antike gewann, indem man Bienenwachs mit Meerwasser verkochte.

Renaissance
Die Renaissance, die die Wiedergeburt (rinascità = Wiedergeburt) des klassischen Altertums bedeutet, entstand in Italien in der Mitte des 15. Jahrhunderts, um sich dann auch nördlich der Alpen zu entwickeln. Wissenschaftliches Interesse am menschlichen Körper, an der Natur und vor allem an der Perspektive, zumeist mit dem Bemühen um eine realitätsnahe Abbildung, waren die Hauptanliegen.

Schraffieren
Erstellen von Tonwertabstufungen durch Schattieren mit langen Pinselstrichen. Wird oft in Untermalungen eingesetzt.

Register

Über die Autoren

Dieter Jonas
1951 geb. in Hamburg
1969–70 Schule für freie Malerei und Grafik Boyes-Pulley, Hamburg
1970–76 Studium an der Fachhochschule Hamburg, Fachbereich Gestaltung, Abschluss Dipl. Grafik-Designer
1976–82 Tätigkeit als Layouter und freier Illustrator
1978 Tätigkeit als Art Director in einer Hamburger Werbeagentur
seit 1982 freiberuflicher Illustrator, Maler und Grafiker, zahlreiche Ausstellungen in verschiedenen Hamburger Galerien
1985–96 Arbeitsaufenthalte in Australien
seit 1988 Lehraufträge für Farbe und Form an der Fachhochschule Hamburg, Fachbereich Gestaltung

Thomas Hoppe
1957, geb. in Hamburg
1977–81 Studium der Klassischen Archäologie und Kunstgeschichte
1981–87 Ausbildung zum Restaurator für Gemälde und Skulpturen. Gasthörer im FB Freie Kunst der HfBK in Hamburg, Fachgebiet „Maltechnik"
seit 1987 freischaffend tätig als Restaurator für Gemälde und Skulpturen, sachverständiger Experte und Gutachter mit eigenem Atelier in Hamburg-Altona
Zeitweise Tätigkeit als Gastprofessor bzw. Dozent für Maltechnik an Universität und Fachhochschule. Mehrere Veröffentlichungen zum Thema Maltechnik in Form von Büchern und Zeitschriftenbeiträgen

Bildnachweis

Fayum Porträt, Wachsfarben auf Holz, vermutl. 4. Jh. (S. 8). Copyright: Museum für Kunst und Gewerbe HH, Inv.Nr. 1928.42. Photo: Museum (Maria Thrun).

Leonardo da Vinci: „Madonna in der Felsengrotte", 1483, Öl auf Holz, 199 x 122 cm (S. 9). Louvre, Paris. Photo: RMN-Gérard Blot/Jean Schormans.

Vicello Titiano: „Selbstporträt", ca. 1550–62, Öl auf Holz, 96 x 75 cm (S. 10). Staatliche Museen Preussischer Kulturbesitz, Gemäldegalerie, Berlin. Photo: BPK.

Rembrandt Harmensz van Rijn: „Portrait of the Artist", app 1665, 114 x 94 cm (S. 10). Iveagh Bequest, Kenwood House, London. Photo: English Heritage.

Peter Paul Rubens: „Die drei Grazien", um 1638/40, Öl auf Holz, 221 x 81 cm (S. 11). Museo del Prado, Madrid. Photo: AKG.

Claude Monet: Impression Sonnenaufgang, 48 x 63 cm, 1872 (S. 13). Musée Marmottan, Paris.

Vincent van Gogh: „Sonnenblumen" (Vase mit 12 Sonnenblumen), 1889, Öl auf Leinwand, 100 x 76 cm (S. 66). Copyright: Christie's/AKG.

Henri Matisse: „Intérieur; l'étui à Violon, 1918/19 (S. 82). Museum of Modern Art, New York. Copyright: VG-Bild-Kunst.

John Constable: „Das Kornfeld", 1826 (S. 94). The National Gallery, London.

Henri Toulouse-Lautrec: „Weiblicher Akt vor dem Spiegel", 1897 (S. 126). Sammlung Haupt, New York.

Paulus Potter: „Die Melkerin", 1648, Öl auf Holz, 38 x 49,5 cm (S. 146). Staatliches Museum Schwerin. Photo: AKG.

Jackson Pollock: „Guardians of the secret", 1943, Öl auf Leinwand, 123 x 192 cm (S. 154). Sammlung Albert M. Bender, San Francisco, Museum of Modern Art. Photo: AKG/Copyright: VG-Bild-Kunst.